식물의
생김새에는
의미가
있다

식물의 생김새에는 의미가 있다

소노이케 긴타케 지음
조사연 옮김

모양과 색 너머,
도전하는
생명의 발견

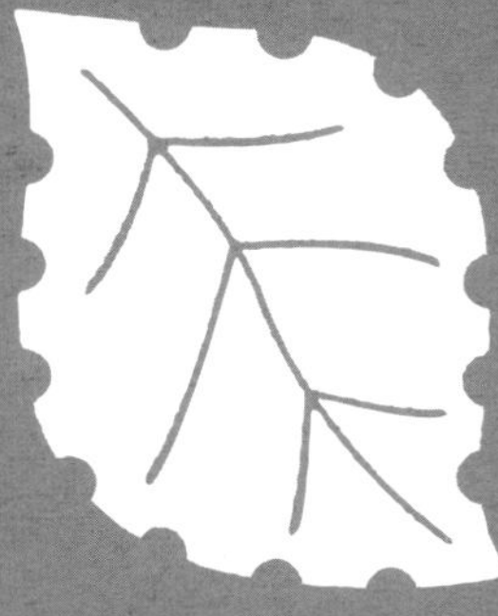

눌와

일
러
두
기

① 본문 중간에 삽입된 ༄ 는 '생각하기 마크'로,
질문의 답을 독자도 잠시 생각해 보길 권하는 기호다.

② 인명, 지명 등 외래어 고유명사는 국립국어원의
외래어 표기법을 따랐다.

③ 식물명은 산림청 제공 '국가표준식물목록'을 우선 따랐다.
이를 따르지 않을 때는 해당 목록의 추천명을 첨자로,
미등재되어 따를 수 없는 때는 학명을 첨자로 병기했다.

들어가며

이 책에서는 식물의 생김새에 대해 생각해 보려고 합니다. '생각해 본다'는 점을 특히 강조하고 싶습니다.

식물의 생김새는 식물의 종류를 구별하기 위한 기준으로 사용됩니다. 예를 들어 일본 중학교 과학 교과서에는 봄망초와 개망초 구별법이 나옵니다. 두 꽃 모두 작은 국화처럼 생겨 모양새가 서로 비슷한 들꽃입니다. 그렇지만 봄망초의 줄기는 속이 비어 있고 꽃봉오리가 아래를 향하나, 개망초의 줄기는 속이 꽉 차고 꽃봉오리가 위를 향합니다. 여러분은 이 설명을 듣고 어떤 생각이 드나요?

'와, 재미있네'라고 생각했다면 아마 평소에도 식물을 좋아하는 사람일 테니 흥미가 가는 대로 식물의 세계를 계속 탐구해 가시길 바랍니다. 더 바라자면 이 책을 읽고 한 걸음 더 나아가 식물의 생김새 차이는 곧 생물의 생존 방식의 차이라는 걸 알게 되었으면 좋겠습니다. 그러면 식물에 대한 흥미가 한층 커질 테니까요.

반면 '봄망초와 개망초를 구별해서 도대체 어디에 써먹지?'라고 생각하는 사람도 있을 수 있겠지요. 안타깝지만 이 책에는 사는 데 도움이 되는 이야기는 거의 나오지 않습니다. 세상을 위해, 그리고 누군가를 위해 도움이 되어야 한다는 정신은 매우 귀하며 의학이나 공학 같은 기술의 근간이 되기도 하지만, 이 책에서 소개하는 내용은 오히려 흥미와 지적 호기심에 기초를 둔 과학의 세계입니다. 이 책을 다 읽은 후 '사는 데 도움이 되는 것만이 전부가 아닐 수도 있겠구나' 하는 생각이 든다면 가장 이상적이겠습니다.

마지막으로 '의미도 모르는데 생김새가 어떻게 다른지만 배운다고 뭐가 재미있겠어? 차라리 똑같이 풀인데 왜 어떤 건 줄기 속이 비었고 다른 건 꽉 차 있는지 그 이유를 알려주면 좋을 텐데'라고 생각하는 사람도 있을 수 있습니다. 이런 생각을 하는 사람이 얼마나 될지 모르겠으나, 저는 이런 유형의 사람입니다. 그리고 이 책은 이런 생각을 하는 사람을 위해 썼습니다. 식물의 생김새는 매우 다양하며 대개 그 배경에는 그러한 모양을 하게 된 깊은 의미가 있습니다. 식물 저마다의 생김새에 숨겨진 의미를 생각해 보는 것, 이것이 바로 이 책의 목적입니다.

차례

1장 잎은 왜 납작할까?

1. 다양하면서 또 비슷한 잎 모양

한 마디로 뭉뚱그려 식물이라고 말하긴 해도 세상에는 셀 수 없을 만큼 다양한 식물이 있다. 나무든 풀이든 뭐든 좋으니 좋아하는 식물을 하나만 떠올려 보자. 그리고 잎이 어떻게 생겼는지 한 마디로 표현해 보자. 어떤 말들이 떠오르는가?

‘타원형’ ‘얇은’ ‘끝이 뾰족한’ ‘납작한’ ‘둥근’ ‘잘게 갈라진’ ‘길쭉한’ ‘들쑥날쑥한’ ‘두꺼운’ ‘바늘처럼 생긴’ ‘손바닥처럼 생긴’…. 실로 다양한 표현이 가능할 것이다(그림 1-1).

이번에는 이들 표현을 두 그룹으로 나누어보자. 어떻게 나눌 수 있을까? 물론 두 그룹으로 나누는 방법은 여러 가지니까 정해진 정답은 없다. 자유롭게 생각하면 된다.

지금은 ‘모양’에 주목해야 하므로 2차원(평면)상의 표현과 3차원(두께)상의 표현으로 나눌 수 있다. 즉 앞에서 열거한 말들 가운데 ‘타원형’ ‘끝이 뾰족한’ ‘둥근’ ‘잘게 갈라진’ ‘길쭉한’ ‘들쑥

이 마크는 되도록 여기서 멈춰 생각해 보라는 기호다. ‘들어가며’에서도 썼지만, 식물의 생김새 뒤에 숨겨진 의미를 생각해 보는 것이 이 책의 목적인 만큼 독자 여러분도 생각하며 읽어나가길 바란다.

그림 1-1 다양한 모양의 잎

날쑥한' '바늘처럼 생긴' '손바닥처럼 생긴'은 평면 모양을 표현하는 말이고, '얇은' '납작한' '두꺼운'은 두께를 표현하는 말이다.

이렇게 보면 평면 모양을 표현하는 말은 개수도 많고 다채로운 데 반해, 두께를 표현하는 말은 매우 한정적이라는 느낌이 든다. 게다가 '얇은'과 '두꺼운'이라는 정반대의 단어가 함께 있는 것도 인상적이다.

그런데 생각해 보면 아무도 "주사위가 두껍다"라고 하지 않는다.[1] '두껍다' '얇다' 모두 납작한 물질을 표현할 때 쓰는 단어이므로 형태의 본질은 '납작하다'이다. 납작한 물질 중에는 평균보

[1]　어쩌면 '두툼한 큐브 스테이크'라는 표현이 있을지도 모르지만, 이는 스테이크에서 연상된 이미지가 작용한 게 아닐까?

다 두꺼운 것도 있고 얇은 것도 있으며 그 정도의 차이가 표현의 차이로 나타나는 듯하다. 즉 식물 잎의 3차원적 두께를 나타내는 형태의 본질은 '납작하다'라는 하나의 공통 개념으로 정리할 수 있다.

이렇게 말하는 순간 기다렸다는 듯이 "그럼 대파 잎은요?"라고 날카로운 질문을 던지는 분이 계실 수 있다. 분명 대파의 잎은 둥글다. 이건 어떻게 생각하면 좋을까?

마트에서 대파를 사서 잘 관찰해 보면, 흰 부분은 여러 겹을 이루며 속까지 꽉 찬 원기둥 모양이다.[2] 반대로 초록색 부분은 거의 한 겹이고 속이 텅 빈 원통 모양이다. 한 겹으로 이루어진 이 초록색 부분이 잎 역할을 하니, 둥글게 말려 있긴 하나 역시 납작하다고 할 수 있다. 대파 잎의 3차원적 모양도 '납작하다'라는 한 마디로 정리할 수 있을 듯하다.

한편 잎의 2차원 혹은 평면 모양을 표현하는 방법은 정말 다양하다. 3차원적 모양은 '납작하다'는 공통성·보편성을 나타내는 데 반해, 2차원적 모양은 식물마다 달라서 다양성을 엿볼 수 있다.

'보편성'과 '다양성'은 생물을 연구하다 보면 어김없이 부딪

---

2   관찰은 과학의 기본이다. 또 무조건 최첨단 장비를 사용한 관찰만이 능사는
     아니다. 마트에서 파는 채소에서도 보는 사람에 따라 흥미로운 정보를 끄집
     어낼 수 있다.

히는 영역이다. 생물학과 달리 수학과 생리학, 그리고 화학의 일부는 보편성의 학문이다. 1+1은 당연히 2이고, 철이 가끔 금의 성질을 나타내는 일은 없다. 철은 철, 금은 금이다. 산소와 수소가 반응하면 물이 생기며, 이때 "가끔은 물이 아니라 기름이 생겨도 좋지 않나?"라는 말을 했다가는 화학자에게 혼이 날 게 뻔하다.

그러나 생물을 다루는 일은 그렇게 단순하지 않다. 식물의 잎은 언제나 초록색이라고 말하고 싶지만, 단풍나무는 가을이 되면 빨갛게 물들고 화원에만 가도 흰색이나 노란색 반점이 섞인 잎, 또는 선명한 보라색 잎이 얼마든지 있다. 식물은 광합성으로 산다고 말하는 순간, 야고 같은 기생식물은 그렇지 않다는 반론이 날아든다. 대다수 식물이 초록색 잎을 통해 광합성을 하는 것은 사실이고, 이는 식물의 본질적인 생존 방식을 반영하고는 있지만, 이 본질에도 예외는 있다.[3] 하물며 잎의 평면 모양은 식물 종류마다 달라서 그야말로 다양성의 보고다.

바로 이 지점이 식물 잎의 3차원적 모양의 보편성과 2차원적 모양의 다양성이 각각 무엇을 의미하는지 생각해 볼 수 있는 힌트가 된다.

어떠한 성질이 보편성을 갖는다는 것은 수많은 식물이 그렇게 될 수밖에 없었던 결과일 테니, 어떤 본질적인 기능적 제약의 결과라 볼 수 있다. 즉 잎이 가진 본질적 기능이 어떠한 이유로 잎

3   '예외 없는 규칙은 없다'라고 하지만, 이 역시 규칙을 만드는 것이 인간이라는 생물임을 반영하는 걸지도 모른다.

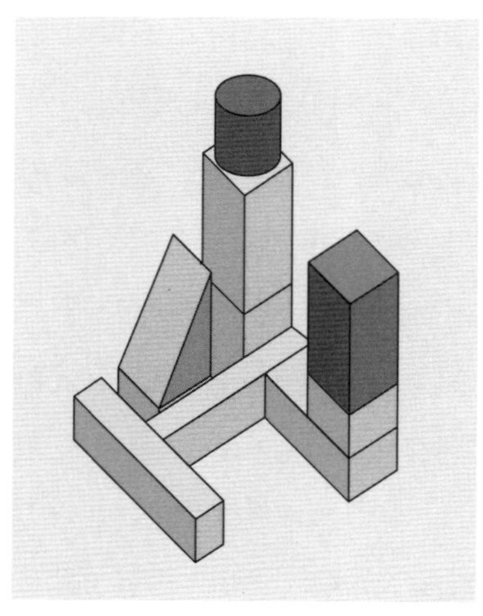

그림 1-2 쌓기블록은 왜 대부분 네모날까?

모양을 결정지었다고 보는 것이다.

한편 다양성은 어떤 의미에서 차이가 허용되는 성질이다. 차이가 생기는 원인 중 하나로 각 생물이 서로 다른 환경에서 살고 있다는 점을 들 수 있다. 또한 같은 환경에 살아도 조상이 다르면 얼마든지 차이가 생길 수 있다. 다양성으로 드러나는 성질은 이렇게 생물과 환경의 상호작용, 그리고 생물의 진화적 배경을 분명 반영하고 있다.

따라서 우선은 보편성에 주목해 '잎은 왜 납작한가'를 생각해 보려고 한다. 여기에는 틀림없이 잎의 본질적 기능이 숨어 있을 터다. 하지만 그 전에 이 질문에 포함된 '왜'라는 단어의 의미에 대해 고민해 보자.

2. 두 가지의 '왜'

"잎은 왜 납작할까?"라는 질문은 명쾌해 보이지만, 사실 이 질문의 의도를 정확히 한 가지로 짚기는 힘들다. 비슷한 질문으로 "쌓기블록은 왜 대부분 네모날까?"를 생각해 보자(그림 1-2). 여러분은 뭐라고 대답하겠는가?

필자가 대학 강의에서 학생들에게 이 질문을 하면 10명 중 8명 정도는 "쌓기 쉬우니까"라고 대답한다.[4] 물론 공처럼 생겼다면 블록 쌓기 자체가 불가능하니 당연한 대답이다. 그러나 간혹 "톱으로 잘랐으니까"라고 답하는 학생이 있다.[5] 이 또한 훌륭한 답변이다.

"쌓기 쉬우니까"라는 대답은 "블록을 네모나게 만든 데는 어떤 목적이 있을까?"라는 질문에 대한 답이다. 이에 반해 "톱으로 잘랐으니까"라는 대답은 "블록이 네모난 것은 어떤 원리 때문일까?"라는 질문에 대한 답이다. 즉 "왜?"라는 질문에는 '목적'을 묻는 경우와 '원리'를 묻는 경우 두 가지가 있는 셈이다.

이 '목적 또는 이점'과 '원리'를 구별하는 일은 그 대답이 완전히 달라질 수 있다는 점에서 매우 중요하다. 이 책에서는 주로 '목적'을 중심으로 생각해 보려고 한다. 사람에 따라서는 '인간이 아

---

4   질문 없이 계속 설명만 하면 학생들 눈이 멍해지는데, 가끔 질문을 하면 집중력이 유지되는 효과가 있다.
5   이처럼 남들과 다른 생각을 하는 학생은 장차 연구자가 될 가능성이 있다. 이 말을 듣고 과연 기뻐할지는 사람에 따라 다르겠지만.

닌 생물, 더군다나 식물의 목적을 고찰하다니 가당치 않다'라고 생각할지 모른다. 사실 목적이라는 단어를 쓰긴 했지만, 당연히 식물이 '그래, 이런저런 이유로 잎이 납작해야 유리하니까 잎을 얇게 만들자'라고 생각하며 잎을 납작하게 만들지는 않는다. 그러나 만약 잎이 납작해야 생존에 유리하다면, 당연히 잎이 납작한 식물이 더 많은 후손을 남기게 될 테니 결과적으로 살아남는 것은 납작한 잎 식물이 될 것이다. 이러한 진화의 과정을 염두에 두고 '잎을 납작하게 만드는 목적'을 생각하는 것도 생물의 진화를 이해하는 한 가지 방법이라고 생각한다.

그래서 이 장의 제목인 '잎은 왜 납작할까?'라는 질문을 '식물의 잎이 납작한 목적은 무엇일까?'라고 관점을 달리해 다시 생각해 보려고 한다.

3. 잎이 납작한 목적

그럼 다시 한번 질문해 보자. 잎이 납작한 목적은 무엇일까? 대부분의 잎이 납작하다는 사실은 잎의 본질적 기능과 관련이 있음을 의미한다. 따라서 우선 잎의 기능을 생각해 봐야 문제 해결의 실마리가 보일 듯하다. 잎의 본질적 기능은 무엇일까?

"잎은 왜 있을까?"라고 물으면 초등학생도 "광합성을 하기 위해"라고 대답한다.[6] 정답이다. 이번에는 중학생에게 "그럼 광합성에 필요한 건 뭐지?"라고 물으면 "빛과 이산화탄소와 물"이라고 대답한다. 이것도 정답이다. 빛은 태양에서 오는 에너지, 이산화탄소는 기체, 물은 액체다. 우선 빛부터 생각해 보자. 당신에게 점토 100g을 주고 "이걸로 태양에서 오는 빛을 가장 많이 흡수하는 모양을 만들어 보세요"라고 지시한다면 어떤 모양을 만들 것인가?

아마 10명이면 10명 모두 점토를 최대한 얇게 밀어서 쫙 펴지 않을까? 납작한 모양은 같은 질량을 놓고 비교했을 때 빛을 가장 효과적으로 모으는 형태이기 때문이다.

이는 나뭇잎처럼 햇빛을 모아야 하는 태양광 패널을 떠올려 보면 금방 알 수 있다. 태양광발전소의 광활한 부지는 태양광 패널로 빽빽하다. 만약 화력발전소나 원자력발전소라면 부지가 좁아도 상황에 따라 건물 높이를 높여 발전 설비를 집어넣을 수 있겠지만, 태양광발전소는 빛을 모으려면 어쩔 수 없이 면적이 있어야 한다. 태양광 패널 한 장 한 장의 모양이 납작하다는 사실도 빛을 모으기 위해서는 넓은 면적이 필요함을 의미한다(그림 1-3).

6   이런 대답이 쉽게 나오는 건 포켓몬스터 시리즈에 나오는 '풀 타입' 포켓몬의 영향이 아닐까 싶다. 하지만 그건 그대로 좋은 일이다.

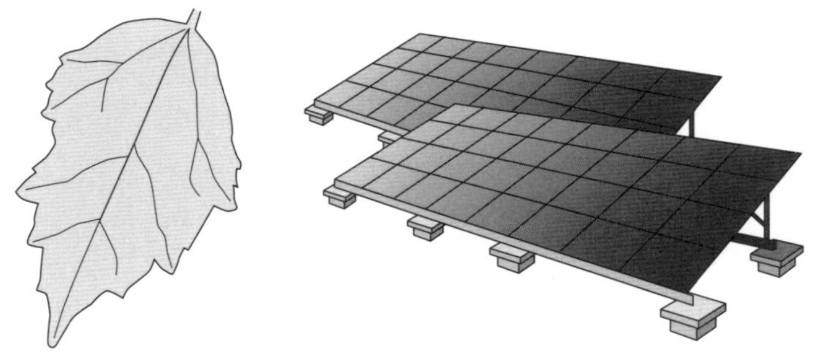

그림 1-3 잎과 태양광 패널

그렇다면 빛을 모으기 위해 왜 넓은 면적이 필요할까?

질문 자체가 다소 막연해 대답하기 어려울 수 있지만, 한 가지 대답은 '태양광 에너지가 약해서'이다. 태양은 엄청난 양의 빛 에너지를 지구에 쏟아붓고, 이 에너지는 지구의 기상 변화를 일으킬 뿐 아니라 지구의 생물이 삶을 영위하는 원천이 된다. 그러나 막대한 양의 태양광도 사실 면적당으로 따지면 그다지 많지 않다. 예를 들면 인간의 체표면적은 대략 1m² 정도인데, 여기에 발전 효율 20%의 일반 태양광 패널을 온몸에 빈틈없이 붙여도 인간이 살아가는 데 필요한 최소한의 에너지도 감당할 수 없다.[7]

7 사실 발전 효율 100%인 패널을 사용해도 인간의 활동 에너지를 충당할 수 없다. 어차피 효율성 100%는 불가능한 얘기지만 말이다.

빛 에너지는 면적당으로 따지면 '약하다'. 그래서 태양광발전소는 광활한 부지가 필수고 식물의 잎은 납작한 것이다.

4. 납작하지 않은 잎의 목적

'약한 빛 에너지를 모으기 위해 잎은 납작하다.' 이것이 앞 절의 결론이었는데, 세상에 예외 없는 규칙은 없다. 이를테면 선인장은 뽀족하게 튀어나온 가시 부분이 잎이라서 잎이 납작하기는커녕 바늘 모양이다. 그렇다면 선인장의 바늘은 왜 납작하지 않아도 될까?

잎이 납작한 이유는 빛을 모으기 위해서고 빛을 모으는 이유는 광합성을 하기 위해서다. 그런데 선인장은 바늘로 광합성을 하지 않기 때문에 바늘은 빛을 모을 필요가 없고 그래서 납작하지 않아도 된다(그림 1-4). 따라서 앞 절 결론을 더 정확히 말하면 '약한 빛 에너지를 모아야 하므로, 광합성을 하는 부분은 납작하다'가 된다.

그런데 그렇다면 이제는 선인장 줄기가 신경이 쓰인다. 선인장은 줄기 부분이 초록색으로, 줄기에서 광합성을 한다. 그렇다면 줄기가 납작해야 하지 않을까? 물론 천년초후미푸사선인장 같은

그림 1-4
선인장의 잎은 납작하지 않다.
사진은 금호선인장

부채선인장 종류는 줄기가 어느 정도 납작하지만, 같은 과인 금호선인장은 거의 구에 가까울 정도로 둥글다. 줄기에서 광합성을 한다면 줄기가 납작해야 할 텐데, 왜 선인장 줄기는 납작하지 않을까?

그 이유를 생각하려면 다시 한번 광합성에 필요한 물질로 돌아가야 한다. 빛과 이산화탄소, 물이다. 선인장의 생육 장소는 거의 사막이므로 광합성에 필요한 세 가지 중 물과, 아니 물이 부족한 환경과 관련이 있겠다고 추측할 수 있다.

광합성에 빛과 이산화탄소, 물이 필요하다고 할 때는 셋 중하나만 필요한 것이 아니라 세 가지가 모두 필요하다. 이를테면 이산화탄소와 물이 충분해도 캄캄한 곳에서는 광합성을 할 수 없고, 이산화탄소가 없는 상태에서는 물과 빛이 있어도 광합성은 불가능하다. 이는 어느 한 가지가 매우 적을 때도 마찬가지라서, 빛이 극도로 약할 때는 가령 이산화탄소와 물이 충분해도 그 약한 빛 양만큼만 광합성을 할 수 있다.

그렇다면 사막이라는, 물이 매우 제한적인 상황에서는 어떨까? 한정된 물의 양만큼만 광합성을 할 수 있으므로 빛과 이산화탄소는 아무리 많아도 소용이 없다. 사막 같은 조건에서는 빛 확보 자체가 별로 중요하지 않아서 광합성 작용이 일어나는 부위도 납작할 필요가 없다. 선인장의 줄기가 납작하지 않은 이유 중 하나도 바로 이것이다.

바꿔 말해 광합성을 하는 부분이 납작하지 않은 식물이 눈에 띈다면, 그 식물이 자라는 곳은 광합성을 얼마나 할 수 있는지가 빛 외에 다른 조건으로 결정되는 곳이라고 추측할 수 있다. 보통 공기 중 이산화탄소 농도는 크게 변하지 않기 때문에[8] 빛 외에 부족할 가능성이 높은 물질은 거의 물이다. 그렇다면 앞에서 언급한 부채선인장 종류와 금호선인장을 떠올리면 납작한 부채선인장 종류가 그나마 물이 넉넉한 환경에서 자라고 있고, 구슬 모양인 금호선인장은 물이 없는 더 혹독한 환경에서 자라고 있다고

---

[8] 실제로는 장소에 따라 땅속에서 고농도 이산화탄소가 뿜어져 나오는 곳이 있다. 그러나 움푹 파이고 바람이 없는 이상적인 조건이 아닌 이상, 일반적으로 '주변 공기보다 이산화탄소 농도가 높은' 상태는 발생하지 않는다.

추론해 볼 수 있다. 그럴싸하게 설명했지만, 사실일지는 필자도 잘 모른다. 실제로 조사해 보면 재미있을 듯하다.

마지막으로 한 가지 더 선인장의 생김새에 대한 의문이 생긴다. 금호선인장이 납작하지 않아도 되는 이유는 알겠다. 그런데 꼭 둥글어야 하는 이유는 무엇일까?

우선 두 가지 측면에서 생각해 볼 수 있다. 한 가지는 물 저장이다. 사막에서는 물이 귀한 만큼 자기 몸속에 저장해 두지 않으면 생존이 불가능하다. 금호선인장은 영어로는 'barrel cactus(통선인장)'라고 하는데, 물 저장이라는 목적을 놓고 보면 통통한 통 모양이 꽤 효율적으로 보인다.

또 하나는 물 증발 방지다. 아무리 충분히 저장해도 물은 식물 표면에서 조금씩 증발한다. 식물 입장에서는 증발로 낭비하는 물을 최대한 줄이고 싶을 터다. 증발은 당연히 식물 표면에서 일어나므로 물 낭비를 피하기 위해서는 부피당 표면적이 가장 좁은 형태로 만드는 게 좋다. 따라서 수학을 잘하는 분은 바로 알겠지만, 답은 '구' 형태다. 물론 식물이 수학을 사용해 모양을 결정했을 리는 없고, 결과적으로 주위 환경에 맞춰 가장 효율적으로 형태를 바꾼 식물만 살아남은 셈이다.

2장 잎 단면 모양을 생각해 보자

1. 잎 앞면과 뒷면의 차이

1장에서는 식물 잎의 '납작한 모양'에 대해 생각해 봤는데, 이번 장에서는 보다 세밀한 관점에서 잎 속 세포의 형태와 배열에 대해 생각해 보자. 중학교 1학년 과학 교과서를 펼치면 대개 첫머리에 현미경으로 관찰한 잎 단면 삽화가 나온다(그림 2-1). 이를 보면 잎의 앞면과 뒷면에 세포가 한 층 쭉 늘어서 있다. 세포 안에 엽록체가 거의 보이지 않는 것으로 보아 잎의 세포이긴 하나 광합성을 하지 않는 부위로 추정된다. 잎 내부를 보호하는 표피 역할을 하는 세포다.

더 안쪽으로 눈을 돌리면 이번에는 엽록체가 많은 세포가 보인다. 그런데 이 세포의 형태와 배열은 잎 앞뒤가 크게 다르다. 잎 앞면에는 가늘고 긴 세포가 빽빽하게 규칙적으로 늘어서 있다. 반대로 뒷면에는 감자 같기도 하고 표주박 같기도 한 다양한 모양의 세포가 띄엄띄엄 불규칙적으로 흩어져 있다.[9]

앞면에서 가늘고 긴 세포가 늘어선 부분은 나무 울타리처럼 생겼다고 해서 책상조직柵狀組織이라고 부른다. 반면 뒷면에서 세포 사이가 벌어진 부분은 구멍 뚫린 스펀지처럼 생겼다고 해서 해면조직海綿組織이라고 한다.

앞뒤가 뚜렷한 잎은 대부분 앞이 책상조직이고 뒤가 해면조

---

[9] 세포 형태에 의미가 있듯 감자나 표주박 모양에도 의미가 있을 테지만, 이 부분의 고찰은 독자 여러분에게 맡기겠다.

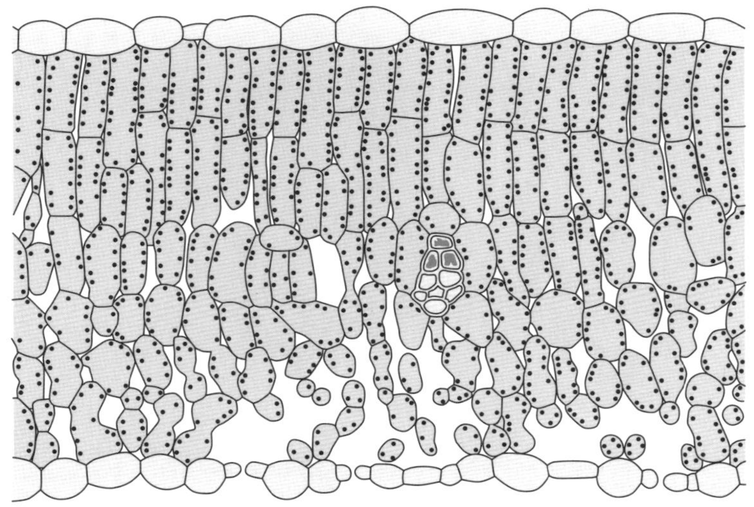

그림 2-1 잎의 단면(위가 잎 앞면, 아래가 뒷면, 검은색 점이 엽록체)

직인데, 이러한 보편성이 있는 것으로 보아 이 형태에는 뭔가 본질적인 기능이 숨겨져 있는 게 분명하다. 중학교나 고등학교에서 '잎의 앞면과 뒷면의 내부 구조는 이렇게 다르다'라고 배우기는 하지만, '왜' 이러한 차이가 생기는지에 대해서는 배우지 않는다. 지금부터 그 이유를 생각해 보자.

2. 사물의 색을 둘러싼 다소 긴 여정

이유를 생각해 보기 전에 먼저 색에 대해 조금 살펴보자. 식물의

잎을 보면 대개 앞면은 진한 녹색이고 뒷면은 앞면보다 흰 빛깔을 띤다(그림 2-2). "앞면의 색은 왜 짙을까?"라고 물으면 많은 사람이 "앞면에 색소인 엽록소가 많아서?"라고 대답한다. 그런데 실제로 엽록소의 양을 비교해 보면 색 차이가 날 정도는 아니다. 색소 양이 비슷한데 과연 색이 다를 수 있을까?

가장 많이 알려진 이유는 '구조색構造色'이다. 색소의 색은 일부 색깔 빛이 흡수되고 흡수되지 않은 나머지 빛의 색이 보이는 현상이라면, 구조색은 물질의 독특한 형태(구조)에 의해 색이 나타나는 현상이다. 구조색은 빛의 성질에 따른다. 예를 들어 물질

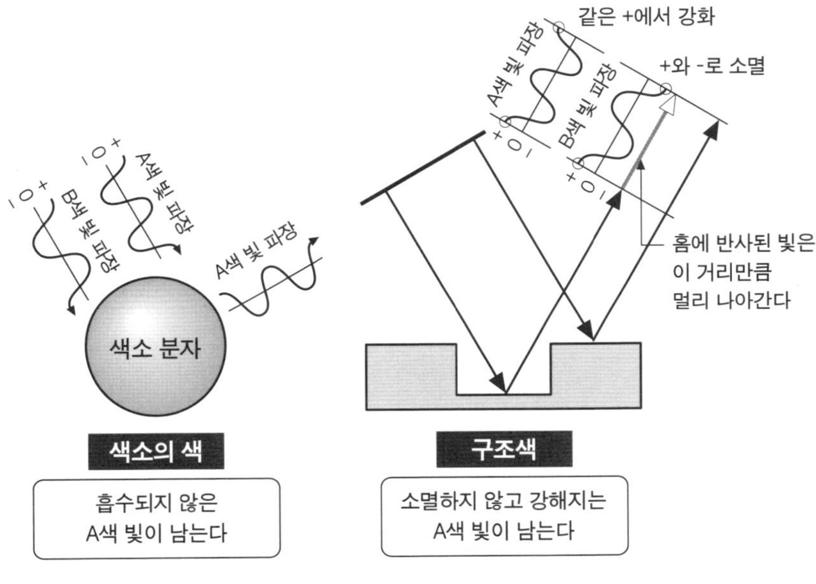

그림 2-3 색소 색과 구조색

표면에 규칙적인 홈이 있으면 홈이 없는 면에 반사된 빛과 홈에 반사된 빛이 파장에 따라 강해지거나 소멸되면서 색이 나타난다 (그림 2-3).

자연계에서도 곤충의 날개 등에서 흔히 볼 수 있다. 일곱 빛깔로 반짝이는 비단벌레의 날개 등이 유명하다. CD나 DVD의 뒷면도 무지갯빛으로 빛나는데, 이 또한 따로 색소가 들어 있어서가 아니라 뒷면의 미세한 구조가 만들어내는 구조색의 일종이다. 이 밖에도 터지기 직전의 비눗방울처럼, 투명한 액체가 매우 얇은 막으로 변했을 때도 색을 띠는 것처럼 보인다.[10] 그렇다면 물체의 색이 색소의 색인지 구조색인지 어떻게 구별할 수 있을까?

가장 간단한 방법은 물체 자체의 구조를 파괴해 보면 된다. 구조색은 구조에 의해 색이 보이는 원리라 구조가 깨지면 색이 변한다. 당근의 주황색은 카로틴이라는 색소의 색이라 당근주스로 만들어도 주황색 그대로다. 그러나 비단벌레의 날개를 갈아 아주 고운 가루로 만들면 아름다운 색은 사라질 것이다. 직접 해본 적은 없지만….

물체를 갈아 고운 가루로 만들면 또 다른 변화가 생긴다. 예를 들어 얼음사탕은 반투명인데, 얼음사탕을 곱게 갈아 가루로 만든 슈가파우더는 새하얗다. 투명한 유리에 실금이 가면 하얗게 변해 반대편이 보이지 않는 것도 비슷한 현상이다. 이것도 구조가 변하니 겉으로 보이는 '색'이 변했다는 의미에서는 구조색 같지만, 엄밀히 따지면 색 변화는 아니다.

보통 우리가 색을 느끼는 건, 백색광에 포함된 무지개 일곱 빛깔 중 특정 색의 빛이 흡수되고 남은 색 빛만 보이기 때문이다. 그런데 투명 물체와 흰색 물체, 그리고 거울은 겉모습은 모두 다

10　　예전에는 비가 내린 후 지면에 생긴 얇은 기름띠가 무지갯빛으로 반짝거리는 모습이 눈에 자주 띄었다. 요즘 이런 광경을 보기 힘든 이유는 자동차 성능이 좋아져서일까?

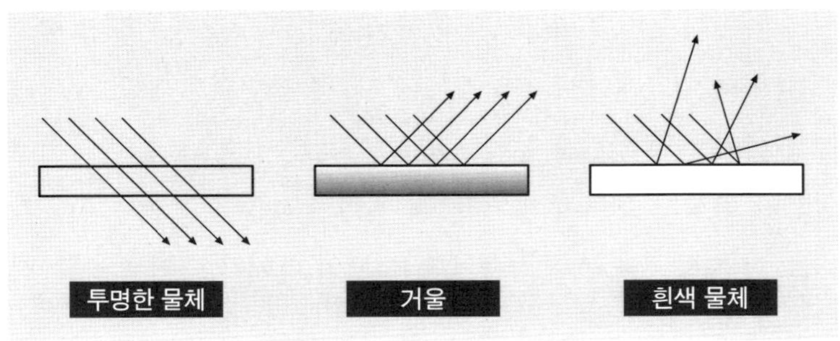

그림 2-4 투명한 물체, 거울, 흰색 물체 표면에서의 빛 차이

르지만 들어온 빛을 거의 흡수하지 않는다는 공통점이 있다.

들어온 빛이 그대로 반대편으로 통과하면 물체는 투명해 보인다. 들어온 빛이 원래 자리로 고르게 반사되면 거울이 된다. 그리고 들어온 빛이 여러 방향으로 뿔뿔이 흩어져 반사되면 하얗게 보인다(그림 2-4). 따라서 백색 색소라는 것은 없다.[11]

투명해서 빛을 흡수하지 않는다 해도 사물 표면에서는 빛이 구부러진다. 굴절이라는 현상이다. 빛에 대한 성질이 다른 두 가지 물질(즉 굴절률이 다른 두 가지 물질), 예를 들어 유리와 공기의 경계에서는 빛의 진행 방향이 바뀐다. 이때 유리판처럼 표면이 평평하면 여전히 건너편이 보인다. 그러나 같은 유리라도 심하게 균열이 가 있거나 미세한 가루가 생기면 균열이 생긴 자리나 가루 표면 하나하나에서 빛이 구부러지기 때문에 건너편으로 똑바

11　'그럼 흰색 물감 안에 든 건 뭐지?'라고 생각할 수 있는데, 그건 투명한(즉 특정 색을 흡수하지 않는) 물질의 고운 가루다.

로 통과하지 못하고 사방으로 반사되면서 일부 빛이 원래 방향으로 돌아와 결과적으로 하얗게 보인다. 즉 표면적이 넓고 게다가 그 표면이 여러 방향을 향하고 있으면 빛이 사방으로 난반사되어 물체가 하얗게 보이는 것이다. 잎 뒷면이 하얗게 보이는 이유가 바로 이 때문이다.[12] 다음 절에서 세포의 형태가 어떤 식으로 잎 색깔을 변화시키는지 살펴보자.

3. 엽록체에 빛을 전달하기 위해

이번 장 1절에서 살펴본 것처럼 잎 뒷면의 해면조직에는 형태가 다양한 세포가 틈을 두고 따로따로 떨어져 존재한다. 이 세포 사이는 공기가 채우고 있다. 중학교나 고등학교에서는 인간을 중심으로 생물 과목을 배워 세포는 조직액(체액)에 잠겨 있다고 알고 있는 사람이 많을 것이다. 그러나 식물의 잎 세포는 기본적으로 공기에 둘러싸여 있다.

세포 주변은 공기지만, 세포 내부는 주성분이 물이라서 당연히 빛은 그 경계에서 굴절되어 구부러진다. 작은 세포 하나하나의 표면에서 빛 굴절이 일어나면 이는 그야말로 미세한 가루에서 일어나는 현상과 동일하다. 세포라는 작은 가루가 간격을 두고

---

12 드디어 여기서 원래 주제로 돌아왔다. 이 책에서는 이런 식의 긴 여정이 여러 번 반복될 테니 각오하시길.

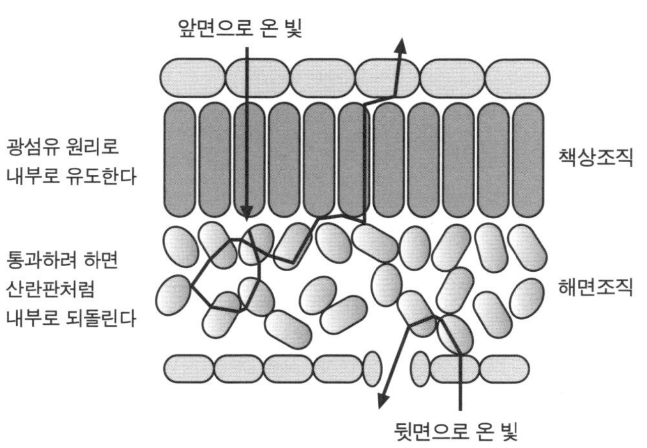

그림 2-5 잎 단면 모식도

불규칙하게 또 많이 존재하면 빛은 난반사되어 원래 왔던 방향으로 되돌아간다. 그런데 애써 잎 안으로 들어온 빛이 반사되어 버리면 손해지 않을까? 그러나 이는 어디까지나 잎 뒷면의 이야기다. 태양 빛이 가장 먼저 도달하는 앞면에서는 어떤 일이 벌어지는지 살펴봐야 한다.

잎 앞면의 책상조직에는 가늘고 긴 세포가 빽빽하게 규칙적으로 늘어서 있다(그림 2-5). 단면은 사각형처럼 보이지만 실제 세포는 깊이가 있는 원기둥 모양이다. 빛이 원기둥 모양의 물질에 들어가면 어떻게 움직일까? 광섬유를 생각하면 간단하다.

광섬유에 빛이 들어가면, 섬유를 따라 안쪽으로 유도된다. 광섬유도 주위 공기보다는 굴절률이 높아서 경계면에서 굴절이

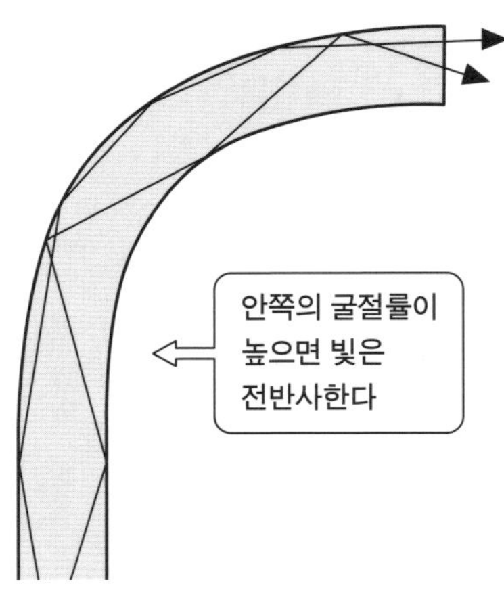

그림 2-6 광섬유 속 빛

일어나는데, 이때 굴절률이 높은 안쪽에서 빛이 비스듬하게 경계면으로 들어가면 전반사가 일어나 안쪽으로 되돌아오는 현상을 볼 수 있다(그림 2-6).[13] 이러한 원리로 가령 광섬유가 다소 구부러져 있더라도 빛은 광섬유를 따라 나아가게 된다. 이것이 빛이 광섬유를 통과하는 원리다. 잎 앞면의 책상조직 세포도 마찬가지여서, 일단 세포 안으로 들어간 빛은 그대로 가늘고 긴 세포를 따라 잎 안쪽으로 유도된다.

그런데 만약 책상조직이 잎 뒷면까지 계속되면 빛은 그대로 잎 뒷면으로 빠져나가 버린다. 이제 해면조직이 등장할 차례다. 뒷면의 해면조직은 앞서 말했듯 빛을 난반사해서 원래 왔던 방향으로 되돌려보낸다. 결과적으로 뒤쪽으로 빠져나갈 뻔했던 빛은 다시 안쪽으로 되돌아와 다시 한번 잎 안쪽을 돌아다닌다.

이러한 구조 덕분에 예를 들어 두께가 1mm인 잎에서도 빛은 잎 내부에서 반사되며 나아가고, 그 빛이 지나가는 길, 즉 광로

---

[13] 실제로는 경계면이라기보다 섬유 중심부와 주변부에 굴절률이 다른 물질을 사용해 반사시킨다.

光路의 길이는 잎에 따라서는 잎 두께의 몇 배가 되기도 한다. 광로에 엽록체가 있어서 먼 거리를 이동하면 그만큼 여러 번 엽록체와 만나고, 빛은 엽록체에 흡수되어 광합성에 이용된다. 즉 잎 속 세포의 형태와 배열은 광합성 효율을 높이기 위한 식물의 지혜인 셈이다.

그렇다면 빛이 잎 뒷면에서 들어오는 경우는 어떨까?

뒷면으로 들어온 빛은 곧바로 해면조직에 닿아 반사되기 때문에 엽록체와 마주칠 기회가 오히려 줄어 광합성에 활용되기 어렵다. 잎의 뒷면이 하얗게 보이는 것은 이 때문이다.

따라서 잎 뒷면에도 빛이 잘 드는 경우에는 해면조직이 불리하다. 벼과 식물 중에는 줄기에서 잎이 위로 비스듬히 나와 잎 앞면과 뒷면 모두에 빛이 잘 닿는 식물이 많다. 이런 식물은 '앞면은 책상조직, 뒷면은 해면조직' 같은 뚜렷한 구별이 없다. 이 역시 빛을 효과적으로 사용하기 위해 잎 속 세포의 형태와 배열을 궁리한 흔적임을 알 수 있다.

이와 같은 논의가 이론적으로 타당하기는 하지만, '정말로 세포 형태와 굴절률 차이가 도움이 될까?'라고 의심하는 사람도 있을 수 있다.[14] 사실 이는 간단한 실험으로 증명할 수 있다. 물로

14 남의 말을 곧이곧대로 믿지 않는 것이 과학의 기본이다. 필자가 하는 말도 예외는 아니다. 독자 여러분도 필자의 말을 항상 의심하며 읽으시길 바란다.

가득 찬 세포와 공기로 가득 찬 세포 틈 간의 굴절률 차이가 빛의 경로를 결정한다면, 그 차이를 없애면 빛의 경로도 바뀔 것이다. 즉 잎 속의 세포와 세포 사이 틈에 물을 넣을 수 있다면 굴절이 사라져 잎 겉모습이 확연히 달라질 것이다.

물이 담긴 시험관 안에 잎을 담그고 펌프로 윗부분의 공기를 빼면, 주변 압력이 줄어들면서 잎 세포 사이에 있던 공기가 거품으로 변해 뽀글뽀글 빠져나온다. 공기를 충분히 뺀 후 이번에는 정상 압력으로 되돌리면 잎 주위가 물이라서 공기 대신 물이 세포 사이 틈으로 들어간다. 이 상태에서는 세포 안도 물이고, 세포와 세포 사이도 물이다. 굴절률 차이는 세포 사이 틈이 공기로 가득 차 있을 때보다 당연히 훨씬 작다. 이런 식으로 물을 채운 잎의 앞면과 뒷면은 어떻게 보일까?

실제로 해보면 잎 앞뒤가 전혀 구별이 안 되고, 투명한 느낌마저 든다(그림 2-7). 잎 세포 사이에 물을 넣었다고 색소의 양이 변하지는 않는다. 이 실험을 통해 잎 앞면과 뒷면의 색이 다른 이유는 색소 차이가 아니라 구조 차이 때문임을 알 수 있다.

또 약간 투명해지면서 빛이 더 잘 통과하게 된다. 투과한 빛은 물론 광합성에는 쓸 수 없다. 투명해진 만큼 사용 가능한 빛 양도 줄어든 것이다. 잎 세포 사이의 공기가 광합성 효율을 높이는 데 도움이 된다는 사실도 확인한 셈이다.

그림 2-7 소송채 잎에 물을 넣는 실험

굴절률 차이가 잎의 겉모습을 결정하고 있음이 실험으로 확인됐다.

4. 엽록체에 이산화탄소를 전달하기 위해

다음으로 빛과 함께 광합성에 필요한 이산화탄소와 세포 배열 사이의 관계를 생각해 보자. 대다수 식물은 주로 잎 뒷면의 기공을 통해 이산화탄소를 흡수한다. 이산화탄소가 기공으로 들어오면 그곳은 해면조직의 세포와 세포 사이 틈새다. 이산화탄소는 이 틈을 지나 각 세포 가까이로 이동해 세포 속으로 녹아든다.

사실은 이 틈이 중요한데, 만약 틈이 없고 세포만 꽉 차 있으

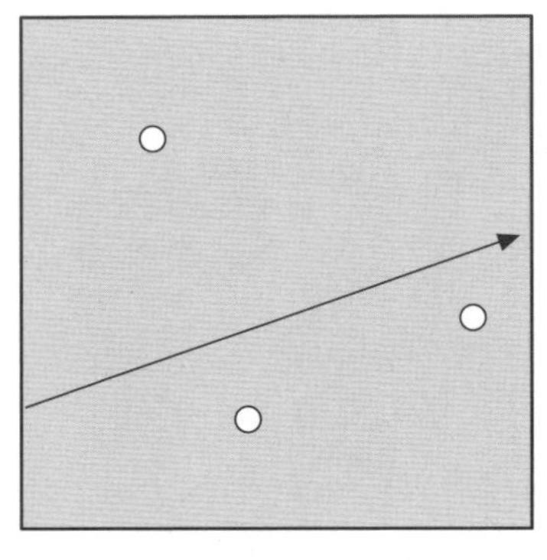
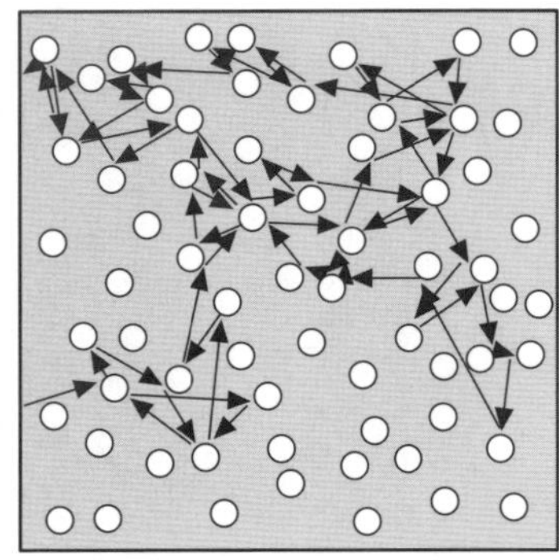

그림 2-8 기체(왼쪽)와 액체 속에서의 분자의 움직임

면 이산화탄소를 흡수하기가 생각보다 어렵다. 왜냐면 분자의 움직임이 기체 속과 액체 속에서 각각 다르기 때문이다.

분자는 기체나 액체 속에서 서로 다른 방향으로 운동하는 확산으로 퍼진다. 온도가 같다면 분자 하나하나의 운동 속도 자체는 기체에서나 액체에서나 동일하지만, 액체는 기체보다 분자가 밀집해 혼잡하니 액체 속 분자는 다른 분자와 충돌하는 횟수가 잦다. 그래서 이동 방향이 금세 휙휙 바뀐다(그림 2-8). 결과적으로 일정 면적을 통과해 일정 시간 안에 확산으로 운반되는 물질의 양은 기체 안에서가 액체 안에서보다 1만 배나 더 많다.

이산화탄소가 결국 액체로 가득한 세포 안으로 들어가 버리면 어쩔 수 없지만, 세포와 세포 사이 틈에 있을 때는 기체를 통해 이산화탄소를 더 빨리 운반할 수 있다. 따라서 세포 사이의 간격이 공기로 꽉 차 있으면, 앞 절에서 설명한 빛의 효과적인 활용뿐 아니라 이산화탄소의 효과적인 활용에도 도움이 된다.

그런데 여기서 한 가지 염려되는 점이 있는데 바로 잎 앞면의 책상조직으로의 이산화탄소 운반이다. 잎 뒷면의 해면조직은 세포와 세포 사이에 충분한 공간이 있으므로 이산화탄소는 그곳을 통과하면 된다. 그러나 책상조직은 현미경 사진을 보면 세포끼리 딱 달라붙어 있는 것처럼 보인다. 가늘고 긴 세포를 가득 채운 액체 속을 기체의 1만분의 1의 속도로 운반해야 한다면, 효율적인 광합성이 도저히 가능할 것 같지 않다. 식물의 잎은 이 문제를 어떻게 해결하고 있을까?

사실 이는 잎을 세로로 잘라 관찰한 데서 비롯된 오해이고, 잎을 잎 면과 평행하게 가로로 자르면 말 그대로 새로운 세계가 보인다.[15] 책상조직의 세포는 원기둥 모양이고, 당연히 단면은 원 모양이다(그림 2-9). 평면을 원으로 메우면 당연히 원과 원 사이에 공간이 생긴다. 이 공간을 입체적으로 그리면, 해면조직의 세포 틈새에서 잎 앞면을 향해 뻗은 공기 통로가 된다. 이 통로를 지나 잎 앞면 근처까지 가서 거기서 세포 안으로 들어가면 물 분자

15   실제 물체는 3차원인데 사진은 2차원이라서 이런 일이 자주 발생한다. 2차원 사진에서 주위가 모두 공기로 둘러싸인 것처럼 보이는 세포도 3차원으로 보면 공중에 떠 있지 않고 다른 세포와 연결되어 있다.

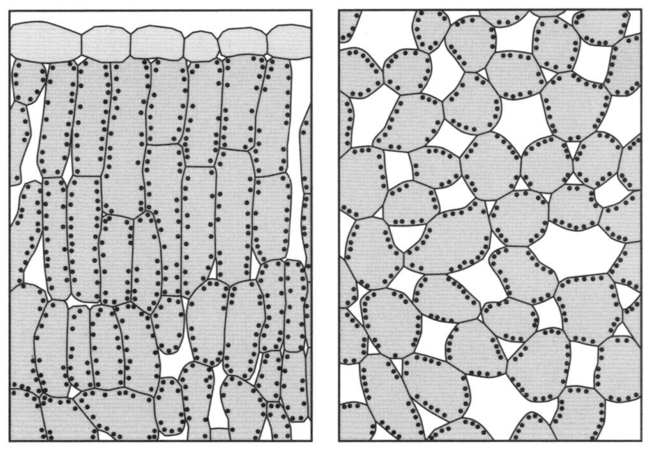

그림 2-9 잎을 세로로 잘랐을 때의 단면(왼쪽)과 잎 면과 평행하게 잘랐을 때의 단면

로 가득 찬 가늘고 긴 세포 안을 힘들게 느릿느릿 돌아다닐 필요가 없어진다.

그런데 이 설명에 대해서도 '이론적으로는 그럴듯하지만, 이산화탄소가 정말 이 통로를 지나간다는 증거가 있느냐'라고 의심의 눈초리를 보내는 사람도 있을 것이다. 여기에 대해서는 증거라고 할 수 있을지 모르겠으나, 세포 속 엽록체의 위치를 관찰해 보면 이산화탄소가 지나가는 경로가 보인다.

고등학교 교과서 등에 실린 식물 세포 모식도를 보면 대부분의 세포에 엽록체가 골고루 흩어져 있다. 그러나 실제로 식물 세포를 관찰하면 엽록체는 열이면 열 바깥쪽 세포막에 달라붙어 있다. 이는 앞에서 살펴봤듯 물속에서는 확산이 효율적이지 않기 때문에 이산화탄소가 세포 안에서 먼 거리를 이동하지 않도록 세포 바깥쪽에서 가장 가까운 위치, 즉 세포막 근처에 엽록체를 배치했다고 보면 설명이 된다.

또 앞에 나온 가로로 평행하게 자른 잎 단면을 자세히 보면, 세포 둘레에 해당하는 동그랗게 생긴 세포막에 엽록체가 고르게 분포되어 있지 않다. 둘레 중 다른 세포와 붙은 부분에는 엽록체가 보이지 않고 공기 통로가 지나는 부분에만 엽록체가 보인다. 이는 엽록체에 필요한 이산화탄소가 세포 사이 통로에서 공급되고 있다는 사실을 반영함이 틀림없다.

'책상조직의 세포 형태가 원기둥이 아니라 각기둥이라면 더 조밀하게 공간을 채울 수 있어 잎 면적을 더 유용하게 사용할 수 있지 않을까' 하고 생각하는 분이 있을지 모르지만, 사실 세포 단면 모양을 원형으로 두는 것이 빛의 효율적인 사용을 위해서도, 이산화탄소 이동을 위한 통로 확보를 위해서도 매우 중요하다.[16]

16 쓸모없어 보이는 부분이지만 실제로는 없으면 안 되는 존재일 때가 종종 있다. 효율을 최우선에 두고 결정했다가 오히려 결과적으로 문제가 발생하는 일도 실제 종종 있지 않은가.

3장 잎 두께의 다양성을 생각해 보자

이제 다시 잎 자체의 모양으로 돌아가 보자. 잎 모양 중 '납작하다'라는 보편적 특징은 광합성을 위해 빛을 확보해야 한다는 본질적인 기능적 제약의 결과였다. 한편 다양한 잎 모양은 각 생물이 서로 다른 환경에서 살고 있음이 반영된 결과다. 그렇다면 어떤 환경에서 어떤 잎 모양이 나타나는지, 그 환경과 모양의 상호작용을 조사하려면 어떻게 해야 할까?

같은 장소에서도 잎 모양이 서로 다른 식물이 공존하는 일은 흔하다. 잎 모양과 식물이 자라는 환경을 철저히 조사해 봐도 둘 사이의 관계성에 대한 명확한 답을 얻기란 쉽지 않아 보인다. 이럴 땐, 적어도 처음에는 극단적으로 다른 환경에서 자라는 식물끼리 비교해 보는 것도 하나의 방법이다. 환경이 극단적으로 다르면 잎 모양도 크게 달라질 테니 환경이 잎 모양에 어떤 영향을 미치는지 쉽게 짐작해 볼 수 있다.

아마 식물에게 가장 극단적인 환경은 어둠이지 않을까? 광합성으로 살아가는 식물에게 칠흑같이 어두운 환경은 오래 살 수 없는 환경이다. 칠흑 같은 어둠에서 싹을 틔운 식물은 콩나물처럼 자란다. 그리고 이런 식물은 일반적인 밝은 환경에서 자란 식물과 생김새가 전혀 다르다(그림 3-1). 그 특징은 크게 네 가지다.

그림 3-1 어두운 곳에서 싹 트면 콩나물처럼 자란다

①초록색을 띠지 않는다, ②잎이 벌어지지 않는다, ③비실비실하며 길쭉하다, 그리고 ④줄기 끝이 위를 향하지 않고 갈고리처럼 구부러져 아래를 향한다.[17] 그렇다면 이 네 가지 특징은 어둠이라는 환경과 어떤 관계가 있을까?

어두운 곳에서는 광합성을 할 수 없으므로 엽록소를 합성해도 소용이 없다. 초록색을 띠지 않는 이유는 이 때문일 테고, 잎이

17 　콩나물의 이 네 가지 특징을 바로 대답할 수 있는 사람은 관찰력이 꽤 뛰어난 사람이다. 평소 콩나물을 자주 먹는 사람도 입에 넣느라 바빠서 의외로 유심히 보지 않는 법이다.

벌어지지 않는 것도 같은 이유일 터다. 다음으로 줄기가 비실비실하고 길쭉한 이유도 광합성과 관련이 있다. 식물의 씨앗이 발아했는데 주위가 캄캄하면 씨앗은 자신이 어떤 환경에 있다고 생각할까? 이럴 때는 식물 입장에서 생각해 보아야 한다. 이러한 사고방식을 의인화라고 꺼리는 연구자도 있지만, 이 책은 전문 서적이 아니니 마음껏 상상의 나래를 펼쳐 보자. 나는 씨앗이다. 지금 막 싹을 틔웠는데 주위가 캄캄하다. 과연 나는 지금 어디에 있는 것일까?

지금은 밤일 수도 있지만 몇 시간이 지났는데도 밝아질 기미가 보이지 않는다. 그러면 흙 속에 깊이 파묻혀 있을 가능성이 크다. 이때 내가 식물이라면 어떻게 해야 할까?

씨앗 속에 모아놓은, 부모로부터 받은 영양분이 사라지기 전에 광합성을 해야 한다. 그러려면 한시라도 빨리 밝은 땅 위로 머리를 내밀어야 한다. 이를 위해서는 비실비실해도 좋으니 되도록 서둘러 키를 키워야 한다. 이것이 콩나물이 길쭉한 이유다. 물론 가늘고 긴 이유와 관련해서는 또 한 가지 요인을 생각해 볼 수 있다. 땅속에서는 바람에 날려 쓰러질 염려가 없으므로 비실비실해도 괜찮다고 여길 수도 있다.

그리고 마지막으로 줄기 끝이 아래를 향하고 있는 이유는 땅속에서 흙을 밀어 올리며 줄기를 뻗을 때 줄기 끝에 있는 성장 부위를 다치지 않게 하기 위해서라고 해석할 수 있다.[18] 즉 식물에게 '어둠=땅속'인 셈이다. 그러나 애당초 잎이 벌어지지도 않는 콩나물을 가지고 잎 모양과의 관계를 논의하기는 어려울 듯하다. 너무 극단적인 환경을 들어 이야기한 것 같다.

그렇다면 공기 중이 아니라 물속에서 잎을 펼치는 식물은 어떨까? 이른바 수초다. 주위가 공기인지 물인지는 매우 큰 변화인 만큼 이 또한 꽤 극단적인 환경이다. 단, 일반 식물과 수초를 비교한들 모양이 달라도 그것이 환경 차이 때문인지, 아니면 식물 종류의 차이 때문인지 명확히 알 수 없다. 이런 문제를 피하려면 지상과 물속 모두에서 잎이 자라는 식물을 찾으면 가장 좋다. 실제로 그러한 식물, 즉 '수륙양생水陸兩生 식물'이 존재하며 환경에 따라 다른 모양의 잎(이형엽異形葉이라고 한다)이 자라는 것으로 알려져 있다. 지금 여기서 다루고자 하는 문제에 안성맞춤이다. 그래서 다음 절에서는 이 이형엽을 사용해 잎의 두께가 다양한 원인을 생각해 보려고 한다.

---

[18] 식물은 줄기 끝과 뿌리 끝에 있는 생장점이라 불리는 부분에서 세포가 분열해 성장한다. 기본적으로 다른 부분에서는 성장이 이루어지지 않기에 생장점은 매우 중요하다.

원래 논에서 자라는 잡초였던 구와말은 수조에서 관상용으로도 키우는 수초다. 수조에서 키우면 깃털처럼 생긴 잎이 아름답게 자라고, 물 위에서도 잎이 자라는데 이때는 잎이 조금 두툼하다. 마찬가지로 물별이끼도 물속과 물 위 모두에서 잎이 자란다(그림 3-2). 비슷한 수륙양생 식물은 물가에 가면 쉽게 찾아볼 수 있고 수초 가게에서도 다양한 종류가 판매되고 있다.

이형엽 수초는 일반적으로 수중엽은 얇고 수상엽은 그보다 두껍다. 잎 모양의 다양성과 환경과의 관계를 알아보기에 딱 알맞다. 다만 이를 위해서는 물 위와 물속이 환경적으로 무엇이 다른지를 먼저 생각해 봐야 한다. 당신은 공기 중과 물속 환경의 다른 점이 몇 가지나 떠오르는가?

강의 중에 학생들에게 이 질문을 하면, 대개 물속에서는 빛이 약해진다는 대답이 가장 먼저 나온다. 또 없냐고 물으면 물속에서는 기공을 사용할 수 없다거나, 물속에서는 부력이 작용한다는 등의 대답이 나오기도 한다. 이러한 여러 요인을 한꺼번에 살펴보기란 어려우므로 우선 빛의 강도에 초점을 맞춰 생각해 보자.

빛의 강도만 놓고 보면 육상 식물과 비교해 볼 수 있다. 나무 한 그루만 봐도 꼭대기에 달린 잎은 직사광선을 듬뿍 받는데, 안

그림 3-2 공기 중 잎(왼쪽)과 물속 잎

쪽 가지에 달린 잎은 약한 빛만 받는다. 이렇게 대조적인 위치에 놓인 잎을 비교하면 대개 밝은 환경에서 자란 잎은 두껍고 어두운 환경에서 자란 잎은 얇다. 잎의 단면을 보면 밝은 환경에서 자란 잎은 그림 2-5에서 소개한 책상조직이 두 겹, 세 겹을 이루고 있고 이것이 잎 두께에도 그대로 반영된다.

잎에 들어온 빛은 책상조직을 통과하며 서서히 엽록체에 흡수되기 때문에, 애초에 빛이 약한 곳에서는 맨 위에 있는 책상조직에서 빛이 다 흡수되어 버려서 책상조직이 두세 겹 있어 봤자 아무런 도움이 되지 않는다. 오히려 책상조직이 한 겹만 있는 게 불필요한 자원 낭비를 막는 차원에서도 이득이다. 반대로 빛이 강하면 책상조직을 늘려야 강한 빛을 남김없이 이용할 수 있다. 이렇게 생각하면 어두운 환경에서는 잎이 얇고 밝은 환경에서는 두꺼운 이유도 이해가 된다.

그런데 수초의 잎은 두께가 육지 식물과 비교해 훨씬 얇다. 책상조직이 한 겹밖에 없는 정도가 아니라 일반적으로 잎 전체 세포층이 두세 겹밖에 되지 않는다. 그렇다면 빛 말고 잎 두께에 영향을 주는 또 다른 환경 요인이 있는 게 아닐까? 다음 절에서는 이 부분에 대해 생각해 보자.

3. 이산화탄소 확산과 잎의 두께

잎의 본질적 기능은 광합성인 만큼 빛 외에 다른 요인이 영향을 미친다면 가장 먼저 이산화탄소를 의심해 볼 만하다. 그렇다면 수초가 어떻게 이산화탄소를 흡수하는지 생각해 보자.

만약 공기 중에서 자란 잎이라면 2장 4절에서 살펴보았듯 기공을 통해 들어간 이산화탄소는 세포 사이의 틈을 지나 각 세포에 전달된다. 그러나 물속에서는 잎 바깥쪽이 물이라 기공이 있어도 의미가 없고 실제로 물속에서 자라는 잎에는 일반적으로 기공이 없다. 또 세포 사이 틈이 공기로 가득 차 있지도 않다. 따라서 이산화탄소는 세포 사이의 공기 통로, 즉 고속도로를 통과하지 못하고 물로 가득 찬 세포 사이를 지나 천천히 확산할 수밖에 없다.

그러나 물속이라고 꼭 나쁜 것만은 아니다. 공기 중에서 자란 잎은 잎 표면에서 세포 내 수분이 증발해 말라 죽지 않도록 표피 세포 바깥쪽을 두꺼운 왁스층이 덮고 있다. '큐티쿨라cuticula'라 불리는 이 왁스층 덕분에 수분 증발량이 감소하기는 하지만, 대신 표면에서 이산화탄소를 흡수하기가 어렵다. 기공은 말하자면 이산화탄소 흡수를 위해 단단한 벽에 뚫린 구멍인 셈이다.[19]

그런데 물속에서는 증발로 인한 수분 손실 우려가 없으니 잎 표면을 큐티쿨라로 감쌀 필요도 없다. 잎 표면 전체로 이산화탄소를 흡수하면 된다. 잎 표면의 세포에 엽록체를 배치해 두면 기공이 없어도 이산화탄소를 엽록체에 보낼 수 있다. 그러나 이는 어디까지나 잎 표면 세포의 이야기다. 잎 표면에 직접 닿지 않는 안쪽 세포는 표면 세포의 물속을 지나 천천히 확산해 오는 이산화탄소에 의지할 수밖에 없다.

즉 잎 앞면과 뒷면에 하나씩 두 겹의 세포층만으로 이루어진 경우는 양쪽 모두가 외부와 접하므로 비교적 효율적으로 이산화

19　이산화탄소 흡수와 물 증발 관계에 대해서는 다음 절에서 더 자세히 설명하겠다.

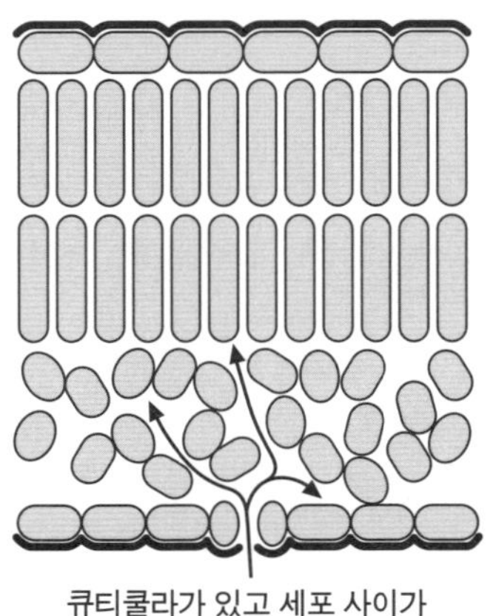

그림 3-3 세포에 이산화탄소가 흡수되는 경로

탄소를 흡수할 수 있지만, 세 겹인 경우 가운데 있는 내부 세포층
은 외부와 직접 닿지 않기 때문에 이산화탄소를 흡수하기가 매우
어렵다. 그래도 그나마 가운데 세포에는 양쪽에서 이산화탄소가
올 가능성이 있지만, 잎 세포층이 네 겹 이상이면 상황은 더 심각
해진다. 물속에서 자라는 잎이 두께가 얇고 일반적으로 세포층이
두세 겹에 불과한 이유는 엽록체에 이산화탄소를 수중 확산으로
전달해야 한다는 점이 가장 크지 않을까 싶다(그림 3-3).

그렇다면 빛과 이산화탄소 중 어느 쪽이 더 크게 작용할까?
다시 한번 잎의 구조를 떠올려 보자. 수초 잎은 2장에서 설명한,
공기를 머금은 해면조직이 존재하지 않기 때문에 잎 내부에서 빛
을 반사해 효과적으로 활용하기가 어렵다. 잎 앞면으로 들어온

52

빛은 엽록체에 흡수되지 않으면 잎 뒷면으로 그대로 빠져나가 버린다. 실제로 수초의 잎을 보면 반투명해서 육상 식물의 잎에 비해 빛 투과성이 높아 보인다. 그런데 물속이고 아무리 빛이 약하다 해도, 오직 이 이유뿐이라면 세포층이 두세 겹에 불과할 만큼 잎이 얇아야 할 필연성은 없지 않을까? 아마도 이산화탄소 확산 문제가 더 크게 작용하는 게 아닐까?

흥미롭게도, 폭포 옆처럼 항상 물이 튀는 환경에 노출되어 있는 양치식물 중에도 잎 세포층이 적은 식물이 발견되고 있다. 이는 물방울이 기공을 막는 환경에서는 수초와 마찬가지로 기공이 아니라 잎 표면 전체로 이산화탄소를 흡수하고 있다고 보면 앞뒤가 맞는다. 육상 식물은 보통 큐티쿨라가 이산화탄소 흡수를 방해하지만, 물방울이 늘 튀는 환경에서는 세포에서 물이 증발할 염려가 없기에 큐티쿨라도 얇을 것이다. 육지에 사는 수초라고 생각하면 맞을 것 같다. 이 역시 수초의 경우 빛의 세기보다 이산화탄소 요인이 잎 두께를 결정한다는 견해를 뒷받침한다.

4. 증산과 잎의 두께

그럼 이제 잎 두께에 영향을 주는 다른 환경 요인은 없는지 생각해 보자. 사실 일반적으로는 잎이 얇은 식물일수록 성장 속도가 빠르다고 알려져 있다. 이번 장 2절에서 살펴봤듯이 빛이 약할 때는 잎이 얇은 게 유리하다. 하지만 빛이 별로 약하지 않을 때도 잎이 얇은 식물은 성장 속도가 의외로 빠르다. 식물의 성장이 광합성에 의존한다는 점을 생각하면, 잎 두께에 따라 광합성이 어떻게 변하는지 궁금하다. 잎 두께가 다를 때 무엇을 기준으로 광합성을 비교할지는 어려운 문제지만, 성장량은 일반적으로 무게로 따지므로 잎의 무게당 광합성을 비교해 보자.[20] 그러면 빛이 매우 강할 때를 빼고 그 나머지 경우에는 얇은 잎이 두꺼운 잎보다 광합성이 더 활발하다. 그렇다면 굳이 잎을 두껍게 만드는 이유는 무엇일까?

한 가지 이유는 1장에서 살펴본 선인장과 마찬가지로, 부피당 표면적을 줄여 물의 증산을 막기 위해서다. 단, 부피당 표면적이 좁으면 증발은 확실히 줄지만, 이번에는 이산화탄소를 흡수하는 면적이 좁아진다.

그런데 여기서 재미있는 실험이 하나 있다. 닭의장풀의 표피 부분을 벗겨 광합성을 하는 세포를 외부 공기에 노출시킨다. 그러면 당연히 증산량은 크게 늘지만 광합성 속도에는 큰 차이가 없다. 결과 그대로 해석하면, 외부와 닿는 면적이 넓어질수록 증산량은 증가하지만, 이산화탄소에 관해서는 열려 있는 기공 정도

[20] 특별한 사정이 없는 한 광합성은 일반적으로 잎 면적당으로 비교한다. 1장에서 설명한 '약한 빛 에너지를 모으는' 잎의 기능을 생각하면 이해가 될 것이다.

의 면적 이상으로 면적이 넓어져도 의외로 광합성은 증가하지 않는다는 얘기다. 이 경우 물이 충분할 때는 잎을 얇게 해 성장 속도를 높이고, 건조해지기 쉬운 곳에서는 잎을 두껍게 해 증산을 억제하는 전략도 충분히 생각해 볼 수 있다. 물이 충분한지 여부도 잎 두께를 좌우하는 셈이다.

5. 부분적인 두께의 차이

그런데 잎 전체 두께와는 별개로 잎의 일부만 두꺼운 식물도 있다. 쉽게 눈에 띄는 게, 잎 뒤로 두껍게 튀어나온 잎맥이다. 그렇다면 잎맥은 왜 튀어나와 있는 것일까?

잎맥은 물과 양분을 잎에 전달하는 물관과 체관이 모인 관다발 부분에 해당한다. 관다발 근처의 잎이 두껍기 때문에, 퍼뜩 '특별히 관다발이 두꺼울 필요가 있나 보다'라고 생각할지도 모른다. 잎 뒷면으로 잎맥이 툭 튀어나온 식물일수록 물과 영양분을 더 많이 공급한다는 대응 관계는 없는 듯하다. 그렇다면 또 다른 가능성은 물리적 보강재 역할이다.

종이 끝을 그냥 잡으면 종이가 축 처진다. 그런데 같은 종이를 반으로 접은 후 잡으면 이번에는 아래로 처지지 않고 팽팽하

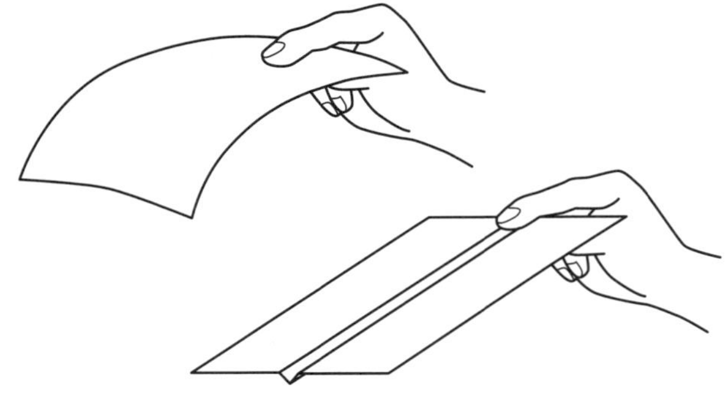

그림 3-4 접힌 자국이 있으면 구부러지지 않는다

게 펴진 상태로 잡을 수 있다(그림 3-4). 즉 접힌 자국이 생기면 같은 재질이라도 종이를 일정 각도로 유지하기가 쉽다. 뒤쪽에 잎맥이 튀어나와 있으면 그 부분이 종이의 접힌 자국 역할을 한다. 잎을 평평하게 유지하는 데 도움을 주고 있을 가능성이 크다.

그렇다면 또 다른 의문이 생긴다. 만약 보강재가 필요해서라면, 식물 중에는 잎맥이 뒤쪽으로 튀어나오지 않은 잎도 있는데, 그건 무슨 이유에서일까?

한 가지 가능성은 잎맥이 보강재 역할을 하지 않는 대신 다른 부분이 보강재 역할을 하고 있어서일 수 있다. 예를 들면, 잎 전체를 단단하게 만들어서 구조를 유지하면 굳이 잎맥을 보강재로 사용하지 않아도 된다. 단, 전체라고 해도 잎 내부까지 딱딱할 필요는 없다. 비행기 날개 등에 사용하는 샌드위치 구조에서는 앞면과 뒷면에 딱딱한 소재를 사용하고, 그 사이를 텅 비워 놓는다.[21] 골판지도 같은 구조다. 잎도 표면의 큐티큘라층만 단단하고 안쪽의 엽육세포는 단단하지 않으므로 그야말로 샌드위치 구조나 다름없다. 게다가 잎 표면이 단단하면 곤충 등에 의한 충해를 막을 수도 있으므로 일거양득이다. 이러한 사실을 바탕으로, 곤충 피해가 잦은 곳에서 자라는 식물 중에는 표면 전체를 보강하는 유형이 많고, 반대로 피해가 적은 곳에서 자라는 식물 중에는 잎맥을 보강재로 사용하는 유형이 많지 않을까 추측해 본다. 이것도 지극히 개인적인 추측이지만 실험을 통해 조사해 보면 흥미로울 듯하다.

또 잎이 짧으면 애초에 보강재를 사용하지 않아도 처질 일이 없다. 반대로 잎이 매우 긴 식물은 보강재를 사용해도 처진다. 이때도 잎이 위를 향하게 해서 아치형을 만들면 문제없이 광합성을 할 수 있다. 요컨대, 잎의 폭과 길이, 구조의 강도 균형을 잘 맞추는 일이 중요하다. 그러나 단순히 물리적 보강재가 필요해서라면 굳이 관다발을 사용하는 이유는 무엇일까?

여기에는 적어도 두 가지 가능성이 있다. 관다발을 구성하는 물관은 구조적으로 강한 셀룰로스라는 섬유로 보강된 대롱 모양 구조다. 5장에서 다시 자세히 설명하겠지만, 위에서 물을 빨아올

---

21 비행기 날개 등의 텅 빈 부분은 벌집처럼 육각형이 꽉 찬 허니콤 구조로 이루어진 경우가 많은데 이 점은 식물의 잎과 조금 다르다.

려도 관이 찌그러지지 않도록 이미 튼튼하게 만들어져 있다. 보강재로 사용해야 한다면 원래부터 튼튼하게 만들어진 소재를 잘 이용하는 게 이치에 맞다.

또 다른 가능성은 소극적인 이유다. 잎 내부 조직은 관다발과 광합성을 하는 엽육세포로 이루어져 있다. 그런데 엽육세포 부분이 두꺼워지면, 빛이 닿는 두께에는 한계가 있어서 잎 뒷면 엽육세포는 버려지게 된다. 그런데 관다발이라면 잎 뒷면에 있어도 큰 문제가 없기 때문에 관다발을 이용하는 게 아닌가 싶다.[22] 이 두 가지 가능성은 동시에 성립하기도 하므로 실제로는 두 가지 이유가 모두 작용하는 것일 수도 있다.

칼럼 : 잎맥의 패턴

잎맥 이야기가 나온 김에 잎맥의 패턴에 대해 생각해 보자. 이것도 잎 모양의 일종이라고 할 수 있으니 말이다. 중학교에서는 외떡잎식물의 잎맥은 일자로 평행한 나란히맥, 쌍떡잎식물은 그물처럼 얽혀 있는 그물맥이라고 배운다. 그러나 실제로는 은행나무 잎처럼 잎맥이 두 갈래로 갈라지는 것도 있어서 반드시 평행하거나 그물망 형태만 있는 것은 아니다(그림 3-5). 게다가 외떡잎식

---

22 보통 잎맥이 뒤로 튀어나온 것도 이러한 이유 때문일 수 있다. 역학적으로는, 비즈니스 제트기인 혼다제트의 엔진이 주 날개 아래가 아닌 위에 있듯이 잎맥이 잎 위로 튀어나와도 무방하다.

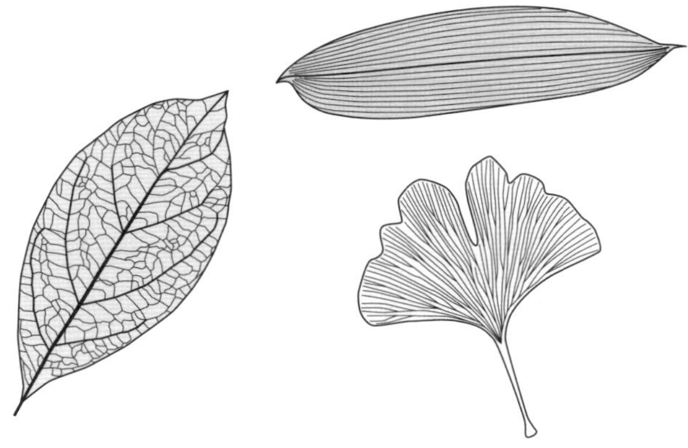

그림 3-5 잎맥의 패턴

물 중에도 그물맥잎 식물이 있고, 쌍떡잎식물 중에도 나란히맥잎 식물이 있다. 또 나란히맥이라도 평행하게 뻗은 잎맥 사이는 짧은 잎맥으로 연결되어 있어서 세로로 길게 뻗어 있긴 하나 일종의 그물망 구조다.

따라서 잎맥의 패턴 차이는 교과서에 나온 것처럼 확정적이지 않으며, '다양한 패턴을 크게 두 가지로 정리하면 나란히맥과 그물맥으로 나눌 수 있다' 정도로 이해하면 된다. 게다가 현대 분류학에서 밝혀진 바에 의하면 쌍떡잎식물이라는 하나의 통합된 분류군은 존재하지 않는다. 그럼에도 외떡잎식물은 하나의 분류군이며 외떡잎식물에 나란히맥잎 식물이 많은 것도 사실이다. 여기에는 어떤 이유가 있을까?

외떡잎식물 잎을 놓고 보면, 잎 맨 끝이 가장 먼저 만들어진 부분이고 잎 밑동에서는 자라는 내내 쉬지 않고 잎을 만들고 있다. 즉 맨 처음 만들어진 끝부분과 지금 막 만들어진 밑부분이 혼재된 상태다. 반대로 말하면 밑부분에서 잎을 만들고 있을 때 잎 끝부분은 이미 완성된 상태라서 밑부분에 맞춰 끝을 변화시킬 수 없다. 마치 카펫의 문양을 짜는 것과 같다. 지금 직조하고 있는 부분에서 방법을 복잡하게 바꾸지 않으면 전체적으로 문양을 통일하기가 어렵다. 그런데 나란히맥은 잎맥이 단순하게 반복되는 구조라, 어쨌든 일정한 직조 방식을 유지하기만 하면 모양을 맞추며 계속 잎을 늘려나갈 수 있다. 즉 잎 밑부분에서 잎맥을(즉 관다발을) 단순하게 만들어도 나란히맥이라면 문제가 없다.

반면 그물맥은 잎 전체 패턴이 어느 정도 중요하다. 따라서 끝부분이 완성된 상태에서 밑부분을 만들어야 하는 외떡잎식물의 잎이 그물맥이라면 문제가 생길 수 있을 것 같은데, 여러분의 생각은 어떠한가?[23]

---

23 도쿄대학의 쓰카야 히로카즈塚谷裕— 교수에게 문의한 결과, 그물맥잎 식물 중에도 세포가 분열하는 부분이 상당히 좁은 것이 있다고 하므로, 이 가설은 필자의 망상에 불과할지도 모르겠다.

4장 잎의 크기와 모양의 의미

1. 잎 크기가 다르면 어떤 일이 생길까?

밖에 나가 식물 잎을 관찰해 보면 모양은 물론이고 크기도 다양하다(그림 4-1). 일본목련 잎은 크기가 사람 손바닥보다 몇 배나 커서 음식이나 된장 등을 얹어 구워 먹는 데 쓰일 정도다. 또 열대 지방의 수련 중에는 어린아이가 올라탈 만큼 잎이 큰 것도 있다.

잎이 작은 식물 중에서는 영산홍과 좀회양목 정도가 우리와 친숙하지 않을까 싶다. 그런데 이렇게 잎 크기가 다양한 이유는 무엇일까? 광합성을 위해 빛을 모은다는 관점에서만 보면 1cm² 잎이 10장 달린 식물이나 10cm² 잎이 1장 달린 식물이나 별 차이가 없어 보인다. 그런데도 식물마다 잎 크기가 제각각인 이유는 무엇일까?

가능한 이유 중 하나가 물리적 강도다. 잎 두께는 같은데 면적을 10배로 늘리면 당연히 쉽게 찢어질 수밖에 없다. 이를 보완하고자 잎을 두껍게 해서 견고하게 만들면, 이번에는 견고해지기 위한 비용이 발생한다. 그럴 바에야 처음부터 잎을 작게 만드는 게 나을 수도 있다.

다만 작으면 작을수록 견고한가 하면 꼭 그렇지는 않다. 우선 당연한 이야기지만, 잎 두께는 두고 가로세로 폭을 작게 만든다고 꼭 잎의 강도가 세지는 것은 아니다. 오히려 잎 한 장의 면적이 좁아질수록 잎자루 등 잎을 지탱하는 부분의 상대적 비중이 커지므로 더 많은 비용이 예상된다. 따라서 잎이 커지면, 잎자루 등 이른바 관리 비용 비율을 낮출 수 있어서 규모의 확대로 인한 이점, 즉 스케일 메리트scale merit를 기대할 수 있다.

그렇다면 더 큰 잎의 스케일 메리트와 더 작은 잎의 견고성이 모두 성립

그림 4-1 사람 키보다 큰 바나나 잎

하는 지점이 실제 잎 크기가 될 것이다. 이렇게만 생각하면, 바람이 많이 부는 등 혹독한 기후 조건에서 자라는 식물의 잎은 더 견고해야 하므로 작아지고, 온화한 기후에서 자라는 잎은 더 커져야 맞다.[24] 그러나 자연환경을 생각할 때 늘 문제인 것은, 대부분의 상황이 그렇게 단순하게 정리되지 않는다는 점이다. 다른 요인들을 조금 더 생각해 보자.

---

[24] 열대 지방에는 바나나처럼 잎이 큰 식물이 많은데, 태풍 등을 생각하면 열대를 '온화한 기후'라고 할 수 있을지 의문이다.

2. 다시 이산화탄소 흡수로

여기서 다시 한번 이산화탄소 흡수에 대해 생각해 보자. 기공을 지나 잎 안으로 들어간 이산화탄소는 세포 사이 틈을 지나 각 세포로 흡수된다. 그렇다면 기공에 도달하기까지는 어떨까? 잎 표면까지는 별것 없지 않냐고 물을 수 있지만, 사실 이 표면이 문제다. 2장에서 물질의 확산 속도는 액체 속보다 기체 속에서 1만 배나 빠르다고 설명했다. 그러나 물질의 확산은 분자 하나하나가 사방으로 마구 움직이며 일어난다. 기체 속 확산이 액체 속보다 훨씬 빠르다고는 하나 장거리 운송인 만큼 물질 전체가 한 방향으로 움직일 때에 비하면 확산에 의한 분자의 움직임은 미미한 수준이다.

누구나 커피에 각설탕을 넣고 나서 스푼으로 젓는다. 각설탕이 녹아 확산으로만 저절로 다 퍼지길 기다리다가는 날이 저물어 버리기 때문이다. 기체 확산도 이와 같고 열전도 역시 같은 원리다. 열전도는 말하자면 열 확산 같은 것이다. 주전자에 물을 넣고 끓일 때, 만약 열전도만으로 열이 물 전체에 퍼지기를 기다렸다가는 끓기까지 몇 년이 걸린다는 계산 결과가 있다. 실제로는 물은 가열하면 비중이 가벼워지는 성질이 있어서 아래에서 데우면 반드시 내부에서 대류가 일어나기 때문에, 물이 섞이면서 열이 전체로 퍼지고 보통 몇 분 안에 물이 끓는다. 우리는 차를 마실 때 온도가 높아질수록 비중이 가벼워지는 물의 물리적 성질에 감사해야 한다.

여기서 '그렇구나'라고 납득하지 않고 '그럼 물을 위에서 데우면 끓기까지 1년이 걸린단 말인가? 그런 말은 들어본 적이 없는데?'라고 생각하는 사람이 있다면 과학자의 소질이 충분하다. 실제로 그런 실험을 한 사람이 있는지는 모르지만, 기왕 말이 나온 김에 그런 경우 어떤 일이 벌어질지 생각해 보자.

일단 위에서부터 데우기 때문에 대류가 일어나지 않고, 열전도가 느려서 열은 물속에 계속 쌓인다. 물은 온도가 점점 올라가다가 결국 맨 위 어딘가에 100℃에 도달하는 부분이 생길 것이다. 그러면 그 부분은 부분적으로 끓어(일반적으로 '돌비突沸'라 불리는 현상과 동일) 수증기가 된다. 일부 물이 수증기가 되면서 부피가 커지고 움직임이 활발해지므로 이로 인해 주변의 물이 마구 섞인다. 돌비가 반복되면서 그로 인해 물이 뒤섞이고 결국은 물 전체가 끓게 된다.[25] 단, 1년까지는 아니더라도 아래에서 데울 때보다 끓는 데 더 오랜 시간이 걸릴 것 같긴 하다.

자, 이야기 주제가 너무 멀리까지 가버렸다. 다시 본론으로 돌아가자. 요컨대 잎 안이라는 작은 세계에서는 대활약하는 확산 현상도 잎 밖이라는 큰 세계에서는 별다른 힘을 발휘하지 못한다는 말이다. 잎 밖에서 이산화탄소가 움직이려면 확산뿐 아니라

---

25 즉 대류가 일어나지 않는 무중력 상태에서도 뒤섞이는 과정이 이루어지면 물을 끓일 수 있다. 우주 정류장에서는 어떤 식으로 물을 끓이는지 필자는 알지 못하지만.

공기 전체의 움직임, 좀 더 일반적으로 말해 바람이 필요하다. 그러나 '쥐 시집보내기' 같은 옛날이야기에서도 알 수 있듯이 바람은 벽을 이기지 못한다.[26] 또한 바람이 부는 방향과 수평을 이루는 곳에 큰 평면체가 있어도 풍속은 급격히 감소한다. 그래도 물체와 조금만 떨어져 있으면 괜찮은데, 아주 가까우면 공기는 거의 움직이지 않는다.

얼마나 가까워야 공기가 움직이지 않는지는 풍속과 물체의 크기에 따라 다르다(그림 4-2). 풍속이 빠르면 빠를수록 물체 가까이에서도 공기 움직임이 활발하고, 물체가 클수록 공기 움직임이 둔한 범위가 커진다. 당연히 공기 움직임이 둔한 영역에서는 확산에 의존할 수밖에 없으므로 이 영역이 크면 주위 물질이 물체에 도달하기가 어렵다.

장황하게 늘어놓았지만, 핵심은 잎도 물체인 만큼 잎까지 이산화탄소가 효율적으로 도달하려면 풍속이 빠르거나 잎이 작거나 적어도 둘 중 하나가 필요하다는 뜻이다. 바꿔 말하면, 바람이 세게 불 때는 잎이 커도 이산화탄소 흡수가 원활하지만, 바람이 불지 않을 때는 잎이 작아야 이산화탄소 흡수가 원활하다.

앞에서 설명한 잎의 견고성이라는 관점에서 보면, 잎이 찢어질 정도로 바람이 세게 부는 곳에서는 잎이 찢어져 버리면 아무

---

26 사족을 덧붙이자면, '쥐 시집보내기'는 부모 쥐들이 세상에서 가장 훌륭한 사윗감을 찾아 나섰으나 태양이 구름에 지고, 구름이 바람에 지고, 바람이 벽에 지고, 벽이 쥐에게 져서 쥐끼리 결혼해 행복하게 잘 살았다는 이야기다.

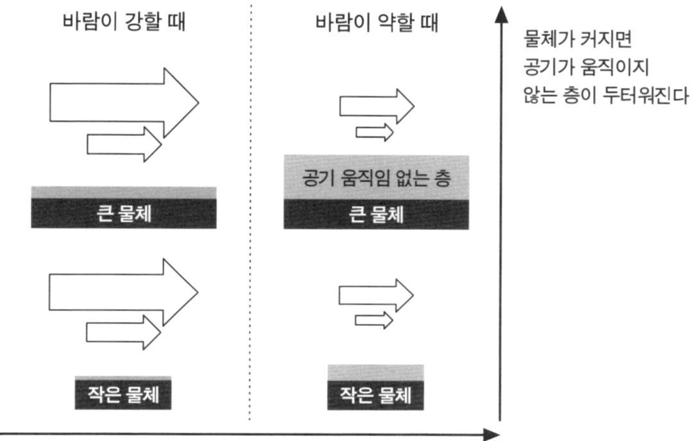

그림 4-2 물체 주변 공기의 움직임

소용이 없으므로 잎이 작아야 유리하다. 그러다 바람이 조금 약해져 잎에 영향을 줄 정도는 아니면서도 '바람이 잘 통하는' 상태가 되면 잎이 좀 더 커도 괜찮다. 그러나 바람이 더 약해지면 이번에는 이산화탄소 흡수에 문제가 생기므로 잎이 작아야 좋다. 따라서 이렇게 단순하게만 생각하면 생육 장소에서 바람이 부는 방식에 따라 잎의 크기는 볼록한 곡선 형태가 된다(그림 4-3).

하지만 실제로는 광합성에 의한 식물의 성장과 형태가 항상 이산화탄소에 의해 결정되는 것은 아니다. 주위의 빛이 매우 약하다면 이산화탄소 흡수가 적더라도 광합성이 얼마나 가능한지는 결국 빛 양으로 결정되기 때문에 성장과 잎 크기에는 영향이

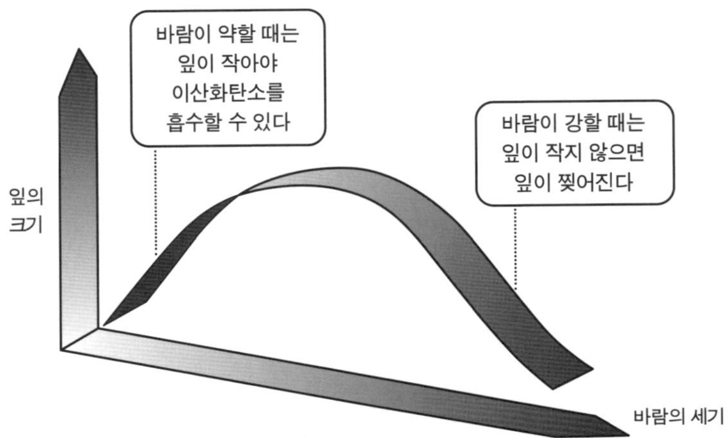

그림 4-3 바람 세기와 잎 크기

없을 수도 있다. 자연환경을 이산화탄소와 풍속만으로 생각하는 것은 지나치게 단순한 생각이며, 실제로는 빛의 밝기나 온도 같은 요인도 얽혀 잎 크기가 다양해지고 있을 것이다. 이에 대해서는 9장에서 논의하도록 하겠다.

칼럼 : 대류의 역할

앞 절에서 대류 덕분에 물이 빨리 끓는다는 이야기를 했는데, 사실 대류는 광합성에도 도움을 주고 있을 가능성이 있다. 바람이 없을 때 잎에 직사광선이 내리쬐면 잎이 따뜻해지면서 잎의 온도가 상승하는데, 계산으로 예상한 온도 상승과 실제 측정한 온도를 비교하면 실제 온도가 생각만큼 오르지는 않았음을 알 수 있다. 이는 잎 온도가 상승하기 시작하면 그로 인해 공기 대류가 일어나고, 그 대류에 의해 열이 운반돼 온도 상승이 억제되는 원리 때문이다.[27]

이는 분명 이산화탄소의 움직임에도 영향을 미친다. 바람이 없을 때도 햇빛이 나뭇잎에 닿아 대류가 일어나면 열뿐 아니라 이산화탄소도 함께 운반될 것이다. 즉 이런 조건에서는 대류 덕분에 광합성이 효율적으로 이루어질 가능성도 충분히 있다.

어느 정도 대류가 일어날지는 잎이 빛을 얼마나 흡수하는지, 잎의 온도를 올리는 데 에너지가 얼마나 필요한지에 따라 달라지기 때문에 너무 단순화시키는 것은 위험하지만, 여러 가지 실험을 해 보면 재미있을 듯하다.

3. 다양한 잎 모양의 이점

지금까지는 잎 크기에만 초점을 맞춰 논의해 왔는데, 사실은 같은 논리를 잎 모양에도 적용할 수 있다. 예를 들어 식물 중에는 손상되지 않은 새잎인데도 구멍이 뚫려 있거나 미세하게 갈라져 있

---

[27] 이러한 대류는 하루 종일 누워 있는 입원 환자의 체온 조절에도 중요한 역할을 한다고 한다.

는 경우가 있다(그림 4-4). 이런 구멍이나 갈라짐에는 어떤 의미가 있을까?

구멍이 뚫린 부분에서는 광합성을 할 수 없으므로 의미가 없다고 생각할 수 있지만, 앞 절에서 생각해 봤듯, 잎은 면적이 좁아야 유리할 때도 있어서 구멍이 있다고 꼭 쓸모가 없으리란 법은 없다.

단, 잎 면적을 줄여야 할 때 구멍을 뚫는 방법과 전체적인 크기를 줄이는 방법, 이 두 가지가 어떻게 다르냐고 물어도 답을 찾기란 쉽지 않다. 구멍을 뚫는 데는 시간과 수고가 걸리므로 별 차이가 없다면 모양은 그대로 두고 단순히 잎 면적만 줄이는 게 더 나을 수도 있다. 그래서 주위에 구멍 뚫린 잎이 별로 없는 것일 수도 있지만, 어쨌든 많지 않을 뿐이지 구멍 뚫린 잎이 존재하는 건 사실이다. 단순히 '사실 들어가는 수고는 별반 다르지 않아서 어느 쪽이든 상관없다'가 정답일 수도 있으나 진실은 모른다.

이 밖에 겹잎복엽複葉도 비슷한 식으로 생각할 수 있다. 겹잎이란 그림 4-4의 왼쪽 잎처럼 잎 한 장에 여러 개의 작은 잔잎소엽이 달린 것을 가리킨다. 겹잎이라고 부를 게 아니라 작은 잔잎을 그냥 잎이라고 부르면 되지 않냐고 생각할지 모르지만, 한 가지에 여러 잎이 달린 것과 잎 한 장(겹잎)에 잔잎이 여러 개 달린 것은 싹이 나오는 방식 자체가 다르다. 가지의 경우 중간에 잘리거나 하면 잎겨드랑이에서 싹이 나와서 계속 자라지만, 잎의 경우는 도중에 잘려도 잎의 일부가 찢어진 것이나 마찬가지여서 다시 싹이 나오지 않는다.

식물학 강의에서는 이렇게 배우긴 하지만, 싹이 나오느냐는 잎 모양과는 직접 관계가 없어 보이므로 광합성 기관으로서의 잎의 기능과 모양을 생각할 때는 잔잎을 하나의 작은 잎으로 간주해도 무방하지 않을까 싶다. 애초에 장차 싹이 될 부분이 전체에서 차지하는 비율은 극히 일부이므로 그것이 있는 (잎이 여러 개 달린) 가지와 없는 (잔잎이 여러 개 달린) 겹잎의 차이가 그렇게 크다고는 생각되지 않는다. 낙엽수를 생각해 보면, 가지의 경우는 가지를 남기고 잎이 떨어지지만, 겹잎의 경우는 잔잎과 잔잎을 잇는 가지처럼 생긴 잎자루 부분이 다 같이, 즉 겹잎 전체가 떨어

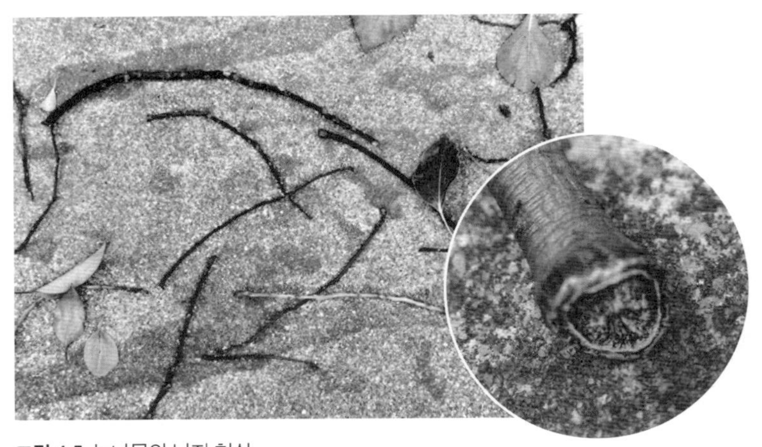

그림 4-5 녹나무의 낙지 현상

지므로 이것이 차이라면 오히려 큰 차이일지 모르겠다.

그렇다고는 하나 주위에서 겹잎이 꽤 많이 눈에 띄는 걸 보면 겹잎이 특별히 손해를 보고 있는 것 같지는 않다. 게다가 녹나무 등은 낙지落枝라고 해서 잎이 달린 채로 가지가 땅에 떨어지는 현상을 보인다(그림 4-5). 느티나무도 열매 달린 가지는 가지가 통째로 떨어지기도 한다고 한다. 떨어진 가지의 단면을 자세히 관찰하면 매끄럽게 잘려 있어 단순히 강풍으로 부러졌다고 보기 힘들고, 마치 잎이 질 때처럼 일부러 가지를 떨어뜨렸음을 알 수 있다. 일부러 가지를 통째로 떨어뜨리는 이유는 분명하지 않으나, 낙지라는 현상이 있다는 걸 생각하면, 겹잎이 통째로 떨어져도 큰 손해는 아닐 것으로 추측할 수 있다. 기본적으로 겹잎은 작은 잎이 달린 경우와 마찬가지이고, 작은 잎이 잎이든 잔잎이든

72

광합성 관점에서 보면 '크게 상관없어' 보인다. 따라서 겹잎도 잔잎에 집중해 모양과 크기만 생각하면 될 듯하다.

겹잎보다 환경과의 관계가 더 명확한 예로, 물과의 관계가 있다. 계곡 주변 식물을 관찰해 보면 잎이 가늘고 긴 식물을 많이 볼 수 있다. 그런 의미에서 더 극단적인 예가 수초인데 3장에서 소개한 수초 잎은 대개 가늘고 길다. 수족관에 계수나무처럼 동그란 잎이 달린 수초를 넣으면 특별히 돋보여 꽤 재미있을 듯하지만, 잎이 동그란 수초는 본 적이 없다. 물속 수초의 잎이 가늘고 긴 이유는 무엇일까?

가장 먼저 생각해 볼 수 있는 이유는 물에 대한 저항이다. 비가 와도 바람이 너무 세게 불면 우산을 접어야 한다. 강한 물살 속에서 잎을 둥글게 펼치고 있으면 찢어질 게 뻔하다. 이럴 때는 저항이 적은 유선형이 가장 좋다. 물속 수초뿐 아니라 계곡 주변 식물 중에도 비슷한 모양이 많은 이유는, 강물이 불어나면 계곡 식물이 물에 잠길 수도 있기 때문이다. 실제로 열대우림에서 전형적인 유선형 특징을 가진 식물은 물에 잠기는 지역에서만 자란다고 한다.

저항을 줄이기 위해 모양이 변한 익숙한 사례가 일본의 고속철도 열차인 신칸센이다. 초창기 신칸센은 지금 보면 '둥근 코'처럼 보이지만, '꿈의 초특급'이라 불리던 당시에는 이전의 각진 구

그림 4-6 잎끝이 삐죽 나온 벚나무 잎

식 전차와 비교하면 최첨단 유선형처럼 보였다.[28] 그 후 등장한 신형 차량은 디자인을 바꿔 '오리 부리'처럼 끝을 뾰족하게 늘렸다. 여러 식물에서도 신형 신칸센처럼 잎끝을 길게 뺀 모양을 찾아볼 수 있다. 정원이나 공원에서 볼 수 있는 대표적인 예로 벚나무와 동백나무가 있다(그림 4-6). 그러나 두 나무는 물에 잠길 염려가 없으므로 물의 저항을 줄이기 위해서는 아닌 듯하다. 애초에 벚나무든 동백나무든 잎끝이 삐죽 나와 있을 뿐 잎 자체는 유선형이 아니다.

이에 관해서는 '물 빠짐' 역할을 한다는 설이 있다. 비가 그친 후 젖은 잎에 맺힌 물방울이 잎 가장자리를 따라 떨어질 때 끝이

---

28 계획 단계 시의 홍보 문구는 '꿈의 초특급 히카리호'였다. 그런데 개통하고 나서도 '꿈의 초특급'이라고 했다가 "이제 꿈이 아니다"라고 지적당했다.

'부리' 모양으로 되어 있으면 거기로 물방울이 모여 떨어지기 쉽다는 논리다. 그렇다면 물방울을 왜 굳이 떨어뜨리는 것일까?

물방울은 투명해서 빛을 차단할 리도 없으니 그대로 놔둬도 괜찮을 것 같기도 하다. 그러나 실제로는 잎 표면에 물방울이 있으면 불편한 상황이 벌어진다.

한 가지는 물방울이 기공을 막을 가능성이다. 2장에서도 설명했듯이, 광합성에 필요한 이산화탄소는 기공으로 들어와 세포와 세포 사이를 채운 기체를 통해 확산하며 효율적으로 세포에 도달한다. 그 경로를 물방울이 막고 있으면 확산 속도가 기체보다 1만 배나 느린 액체 속을 통과해 확산해야 한다. 따라서 광합성 효율이 크게 떨어질 수밖에 없다. 게다가 잎을 적시는 실험을 통해 기공이 닫히는 것도 명백해졌다. 기공이 잎 앞면에 많은지 뒷면에 많은지는 식물 종류에 따라 다르지만, 비가 많이 오면 잎 뒷면도 젖기 마련이므로 어느 쪽이 됐든 바람직한 상태는 아니다. 그래서 오리 부리 모양이 등장하는 것이다.

또 하나는 물방울의 렌즈 역할이다. 이것도 2장에서 살펴봤는데 물과 공기는 굴절률이 달라서 둥근 물방울이 잎 위에 있으면 렌즈로 작용한다. 물론 진짜 렌즈는 아니라서 한 점에 초점이 맞춰지지는 않지만, 기본적으로 물방울을 통과한 빛에는 농담이 생긴다. 농담이 생겨도 빛의 총량이 처음과 같다면 괜찮지 않냐고 생각할지 모르지만, 그렇지 않은 사정이 있다.

잎에 도달하는 빛이 많으면 일반적으로 광합성량도 증가하지만, 얼마나 증가하는지는 상황에 따라 다르다. 광량이 적을 때는 늘어난 광량만큼 광합성량도 증가하지만, 광량이 많아지면 늘어난 양에 비해 광합성량이 눈에 띄게 증가하지 않고 점점 정체된다. 이 점을 염두에 두고 빛이 잎에 균일하게 비치는 경우와 잎 반쪽에는 절반의 빛이, 나머지 반쪽에는 1.5배 많은 빛이 비치는 경우를 비교해 보자. 당연히 빛의 총량은 동일하다.

첫 번째 광량이 마침 광합성 곡선이 꺾이는 지점이었다고 가정하면, 광량이 반으로 줄면 광합성량도 약 반으로 줄어든다(그림 4-7). 한편 광량이 1.5배가 되어도 광합성량은 약간 증가할 뿐이다. 예를 들면 광합성량이 1.1배로 증가했다고 가정해 보자. 즉 광량이 절반인 부분의 광합성은 약 0.5, 광량이 1.5배인 부분의 광합성은 1.1이므로 평균하면 (0.5+1.1)/2=0.8이 되어 빛이 균일할 때보다 감소한다. 이 감소 방식은 실제 광량에 따라서도 다르겠지만, 원래보다 커지지는 않는다. 물방울은 빛을 통과시키기는 하나, 반드시 광합성을 감소시키는 방향으로 작용한다.

사실 이뿐만이 아니다. 잎이 젖어 있으면 기공을 통한 이산화탄소의 이동이 방해를 받아 잎 속에 이산화탄소가 부족하게 된다. 이 상태에서 잎에 빛이 계속 비치면, 잎의 광합성 기능이 상실된다. 빛 에너지는 이산화탄소를 유기물로 바꾸는 데 쓰이는데, 이산화탄소가 부족할 때 빛이 비치면 잉여 빛 에너지가 광합성을

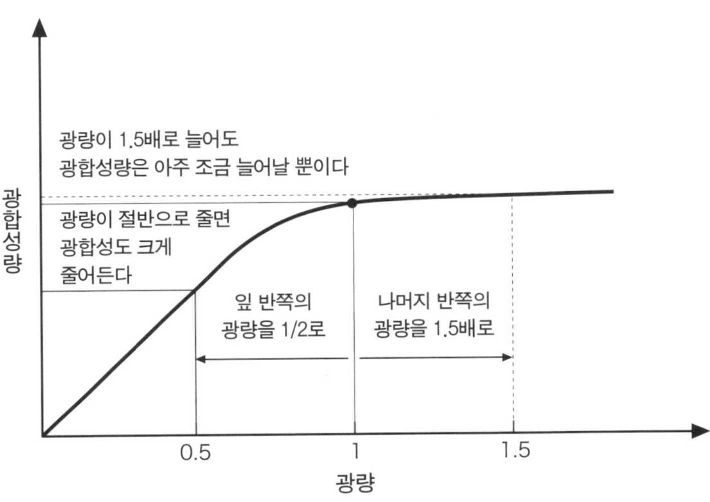

그림 4-7 물방울 때문에 빛에 농담이 생기면 광합성량은 감소한다

담당하는 단백질이나 색소를 파괴하는 것으로 보인다.[29]

따라서 식물 입장에서는 비가 그치고 햇볕이 내리쬐기 전에 잎 표면의 수분을 제거해 두는 게 중요하다. 이를 위해 잎끝은 가늘고 길게 뻗어 있는 게 좋다.

식물 종류에 따라서는 잎 주변에 거치鋸齒라는, 그야말로 톱니 모양의 홈이 있기도 한다. 이 역시 잎 가장자리의 수분을 최대한 모아 떨어뜨리는 역할을 하고 있을지 모른다. 단, 톱니의 홈에 물이 고이면 오히려 역효과일 수도 있어서 섣불리 결론을 내리기

---

29 '지나침은 모자람만 못하다'라는 말이 있듯이 광합성에 필요한 에너지도 너무 많으면 식물에 해를 끼친다. 이러한 현상을 '광 저해'라고 한다.

그림 4-8 토란 잎 위의 물방울

는 어렵다. 실제로 물방울 '제거'가 톱니에 따라 어떻게 변하는지 실험해 보면 재미있을 듯하다.

또 식물은 물방울에 전혀 다른 방식으로 대처하기도 한다. 빗방울이 떨어져 잎 표면에 달라붙을 때 문제가 생기는 만큼, 예를 들면 잎 표면을 프라이팬의 테플론 코팅 상태와 같이 미끄러지게 만들어 물을 튕겨내면 문제가 해결될 수도 있다. 실제로 식물 중에는 미세한 털 등을 이용한 표면 구조로 테플론 코팅과 비슷한 효과를 구현하는 것도 있다. 가까운 예로 연꽃의 잎을 꼽을 수 있다. 물뿌리개로 연잎에 물을 뿌리고 물방울이 잎 표면을 데굴데굴 굴러다니는 모습을 재미있게 바라본 경험이 있는 분도 있을 것이다. 토란의 잎에서도 동일한 현상을 볼 수 있다(그림 4-8). 이는 잎 표면 구조에 의해 실현되고 있으므로, 몹시 작지만 일종의 '잎 모양'이라고 할 수 있다.

이러한 논의는 흥미롭긴 하지만, 막상 잎 모양이 다른 원인을 실험적으로 증명하려고 하면 상당히 어려운 문제다. 잎 모양이 다른 완전 별개의 식물을 사용해 실험해 봤자 그것이 잎 차이 때문인지, 아니면 잎 모양과는 관계없이 종 간의 차이를 반영하는지 알 수 없다.

이를테면 잎끝이 꼬리처럼 뻗은 식물 중에서, 꼬리 부분이 사라진 변이 개체를 찾아서 꼬리가 뻗은 개체와 뻗지 않은 개체를 같은 장소에 섞어 심은 후, 어느 쪽이 그 후 더 많은 후손을 남기는지 실험하면 단서를 찾을 수 있을지도 모른다.

그러나 이는 매우 어려운 일인 듯하다. 게다가 이러한 실험의 결과는 그 해에 비가 어느 정도 내리는지에 따라서도 달라질 수 있다. '왜'라는 의문은 '어떻게'라는 의문에 비해 실험적으로 증명하기가 상당히 어렵다. 그래서 더 재미있다고도 할 수 있지만 말이다.

마지막으로 성장 과정에서 잎 모양이 변하는 두 가지 유형의 사례를 소개하겠다. 하나는 부채파초와 바나나의 잎이다. 부채파초는 부채꼴로 잎을 펼치는 큰키나무로, 부채꼴 중심부에 모이는 물을 나그네가 마셨다고 해서 여인초旅人蕉란 이름이 붙여졌다는 이야기가 전해진다.[30]

그건 그렇다 치고, 부채파초의 잎은 원래 타원형에 가까운 모양인데 야외에서 자라는 부채파초는 비바람에 노출되면 갈기갈기 찢어진다(그림 4-9). 단, 갈기갈기 찢어진다고 말라 죽는 것

[30] 그러나 도쿄대학의 쓰카야 히로카즈 교수에게 문의한 바에 의하면, 원산지인 마다가스카르에서 부채파초는 습지대에서만 볼 수 있고 나그네가 물을 구하기 어려울 만한 곳에서는 볼 수 없다고 한다. 게다가 부채파초에 고인 물은 상당히 더러워 마실 엄두가 나지 않는다고 한다.

그림 4-9 부채파초의 어린잎(왼쪽)과 야외에서 오래된 잎

은 아니고, 그 상태 그대로 광합성을 계속한다. 이렇게 갈기갈기 찢어지는 데에는 무언가 적극적인 의미가 있을까?

앞에서 설명했듯 잎이 가늘어지면 바람이 약한 곳에서는 이산화탄소 흡수율이 높아진다. 따라서 사실은 갈기갈기 찢어지는 데에는 의미가 있을 가능성이 크다. 그러나 온실에서 자라는 부채파초 잎을 관찰해 보면 잘게 갈라지지 않는다. 아마 바람이 약해서일 것이다. 바람이 약한 곳에서 자라는 식물은 이산화탄소 흡수 효율을 높여야 하고, 만약 이것이 잎 모양을 결정한다면 온

80

실에서 자라는 식물이야말로 잎을 가늘게 만들어야 한다. 따라서 야외에서 자라는 식물의 잎이 갈라진다면 그것은 오히려 갈기갈기 찢어진 잎 모양이 바람의 압력을 낮춘다고 생각하는 편이 좋을 듯하다.

한편 또 하나 잎 모양이 변하기로 유명한 식물이 구골나무다. 구골나무는 잎 가장자리에 가시가 있어 울타리 등으로 이용되는 나무다. 잎 가장자리의 들쭉날쭉한 톱니가 가시로 되어 있는데, 나무가 오래되면 이 가시가 사라지고 둥글게 변한다(그림 4-10). 왜 나이가 들면 둥글게 변하는 것일까?[31]

그림 4-10 구골나무 잎의 두 가지 형태
(도쿄대학 쓰카야 히로카즈 박사 촬영)

가장 먼저 떠오르는 이유는 나무 높이의 영향이다. 애초에

---

[31] 사람도 나이가 들면 둥글어진다고 하는데, 그 의미를 생각해 봐도 재미있지 않을까? 다만 손주를 볼 정도의 나이가 되면 그때의 성질은 자손 수에 반영되지 않을 테니 식물과 달리 진화적으로는 의미가 없을지도 모르겠다.

가시가 무엇에 도움이 될지를 따져 보면 동물이 잎을 먹지 못하도록 막기 위해서다. 상대가 곤충이라면 잎보다 몸이 작아서 가시가 있어도 별 효과가 없다. 작은 애벌레에게 잎에 달린 가시는 거대한 막대기로밖에 보이지 않을 테니 말이다. 즉 잎보다 체구가 큰 동물일 때 가시가 빛을 발한다. 예를 들면 사슴 정도의 크기가 예상된다. 따라서 높이가 수 미터까지 자란 구골나무는 충분히 성장하면 이러한 동물들에게 먹힐 염려가 줄어든다. 그렇다면 오래된 나무가 됐다고 일부러 가시를 없앨 필요가 있을까?

이 의문에 대해서는 설득력 있는 이유를 찾기 어렵지만, 반대로 일부러 가시를 없애는 걸 보면 식물은 가시를 만들기 위해 어느 정도의 노력을 쏟고 있고 그에 상응하는 에너지를 소비하고 있다고 생각해 볼 만하다.

> ## 칼럼 : 잎 모양이 결정되는 원리

이 책은 식물 생김새의 '목적'에 중점을 두고 있는 만큼 생김새가 형성되는 원리를 따로 자세히 설명하지는 않겠지만, 여기서 아주 조금만 원리를 소개하겠다. 잎 모양이 만들어지는 과정이든, 잎의 기능이든, 이들을 직접 조절하고 있는 건 기본적으로 단백질이다. 그렇다면 잎 모양을 살필 때 어떤 단백질이 조절에 관여하

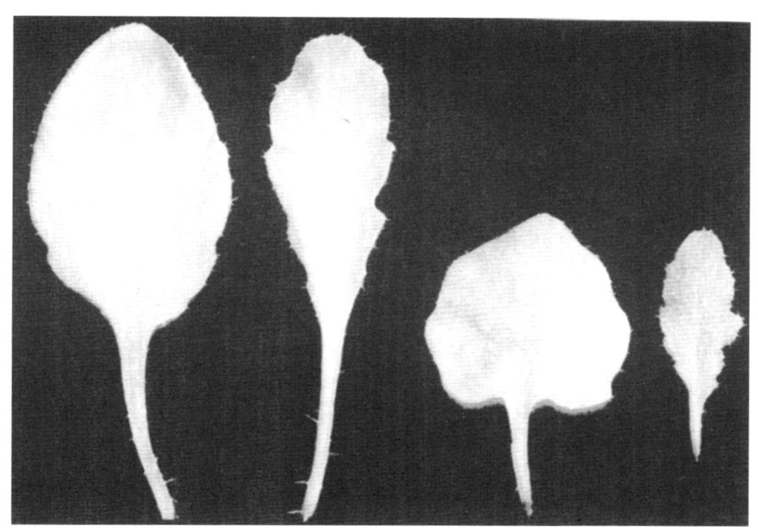

그림 4-11 유전자를 파괴하면 잎 모양이 변한다 (도쿄대학 쓰카야 히로카즈 박사 촬영)

는지를 알려면 어떻게 해야 할까?

단백질의 유전 정보는 유전자에 있다. 흔히 사용하는 방법은 여러 가지 유전자를 하나씩 파괴한 식물을 여럿 만들어 놓고 그 중에서 잎 모양이 변한 식물을 찾아내는 방법이다. 특정 유전자가 파괴됐을 때 잎 모양이 변한다면 그 유전자는 잎 모양 형성에 관여하고 있을 가능성이 높다고 봐도 무방하다.

실제로 도쿄대학의 쓰카야 히로카즈 교수 연구팀이 아주 작은 식물인 애기장대를 사용해 실험한 결과 특정 유전자가 파괴되면 잎이 가늘어진다고 밝혔다(그림 4-11). 이 경우 잎의 길이는 변하지 않고 폭만 좁아졌다. 한편 다른 유전자를 파괴했더니 이번에는 세로 길이만 짧아져 짤막한 잎이 나왔다. 더욱 흥미로운 사실은 이 두 가지 유전자를 동시에 파괴했더니 이번에는 모양은 원래 잎과 비슷하나 세로 길이와 가로 너비가 모두 짧고 좁은 잎이 나왔다는 점이다.

이러한 결과를 통해 잎의 세로 길이와 가로 너비는 각각 다른 유전자에 의해 독립적으로 조절된다는 사실을 알 수 있다. 즉 가느다랗거나 짤막한 잎을 만들려면 해당 유전자의 작용을 따로따로 조절하면 된다. 또 크기를 바꾸고 싶다면 두 가지 유전자의 작용을 동시에 바꾸면 된다.

실제 잎 모양 형성은 이 밖에도 많은 유전자가 관여하는 복잡한 메커니즘을 통해 조절될 테지만, 적어도 이 두 유전자의 작용이 밝혀져서 잎 형성 변화의 일부가 깔끔하게 설명됐다. 애기장대 이외의 식물에서도 동일한 유전자가 작용하고 있을 것으로 보인다.

5장 줄기는 왜 길고 가늘까?

1. 줄기의 존재 의미는?

고등학교 생물 교과서 중에는 줄기의 역할을 "잎과 뿌리 사이에서 물과 영양분을 주고받는다"라고 설명하는 책이 있다. 실제로 줄기를 통해 잎과 뿌리 사이에서 물과 영양이 오가는 건 맞지만 이것이 '역할'이라니 조금 이상하다. 만약 물과 영양 교환이 주 역할이라면, 뿌리에 잎을 직접 달면 그만이다. 줄기가 중간에 있어서 그곳을 통해 물과 영양분을 주고받아야 하는 상황이니 이야기는 오히려 반대로, 줄기를 만들 수밖에 없는 다른 이유가 분명 있다고 봐야 맞다.[32]

간단한 사고 실험을 해보자. 잎과 뿌리는 거의 같은데 줄기가 있는 식물과 없는 식물을 상상해 보자. 그리고 이들을 같은 장소에 섞어서 심는다. 그러면 어떤 일이 벌어질까?

아마 줄기가 있는 식물은 줄기가 없는 식물보다 잎을 위로 펼치고 마음껏 광합성을 하는 데 반해, 줄기가 없는 식물은 위를 덮고 있는 잎 때문에 빛이 가려 광합성을 할 수 없을 것이다. 또한 얼마 지나지 않아서 줄기가 있는 식물이 그곳을 점령하게 될 것

---

[32] 이처럼 '그건 이야기가 반대이지 않아?'라는 기술이 의외로 생물 교과서에 많이 나온다. 생물학에서 어중간하게 '의미'를 생각하는 것은 좋지 않은 듯하다. 어차피 생각해야 한다면 이 책에서처럼 철저히 파헤치며 생각하자.

그림 5-1 웰위치아 미라빌리스 (가토 사카에 박사 촬영)

이다. 이것이 바로 줄기의 존재 의미다. 잎을 높은 위치에 계속 두어서 다른 식물보다 유리한 위치를 차지하게 하려고 줄기가 있는 것이다.

그럴듯한 이야기이긴 한데, 이 가설이 사실인지 아닌지 다른 각도에서 검증해 보자. 이럴 때는 줄기가 거의 없는 식물이 도움이 된다. 아프리카 남부 나미비아의 사막에는 '웰위치아 미라빌리스*Welwitschia mirabilis*'라 불리는 식물이 산다(그림 5-1). 이 식물은 겉으로 보기에는 잎 두 장이 뿌리에서 직접 쭉 자랐을 뿐 줄기는 전혀 보이지 않는다. 왜 웰위치아 미라빌리스는 줄기가 없어도 괜찮은 걸까?

그림 5-2 얼레지 (Kropsog 촬영)

웰위치아 미라빌리스가 자라는 환경을 보면 바로 답이 나온다. 주변 일대가 사막이고 주위에 생육하는 식물이 거의 없어서 다른 식물이 위를 덮을 일이 없다. 이 정도면 확실히 줄기는 없어도 된다. 요컨대 줄기의 존재 의미가 빛을 둘러싼 다른 식물과의 경쟁에 있다는 가설은 여기서도 성립한다.

우리에게 웰위치아 미라빌리스보다 더 친숙한 식물인 민들레도 비슷한 추측이 가능하다. 민들레도 꽃이 달리는 꽃줄기는 눈에 띄지만, 잎줄기는 거의 보이지 않는다. 그리고 민들레도 사막 정도는 아니지만, 어떠한 이유인지 다른 식물이 위를 덮지 않는 탁 트인 환경에서 볼 수 있다. 키가 큰 풀이 우거진 초원이나 깊은 숲속에서는 민들레를 볼 수 없다는 사실도 줄기의 존재 의미에 관한 가설을 뒷받침한다.

하지만 세상에는 숲에서 자라는데도 줄기가 없는 식물이 있다. 초봄에 예쁜 보라색 꽃을 피우는 얼레지 역시 잎이 돋는 줄기가 없지만, 숲속의 다른 식물이 상공을 덮는 곳에서 자란다(그림 5-2).[33] 그럼 얼레지의 경우는 가설이 성립하지 않는 걸까?

이 의문에 대한 답은 얼레지가 자라는 모습을 시간을 두고 관찰하면 알 수 있다. 얼레지를 흔히 볼 수 있는 곳은 낙엽수림 속이다. 얼레지는 초봄에 잎을 내고 꽃을 피우는가 하면 여름이 오기 훨씬 전에 잎이 다 말라버린다. 이를 종합해 보면, 얼레지 같은 식물은 낙엽수 잎이 무성해지기 전인 초봄에 잎을 내 광합성을 해서 꽃을 피우고 상공이 잎으로 덮일 즈음에는 이미 잎을 떨구고 휴면 상태에 들어가는, 속전속결형 생활을 하는 것으로 예상된다. 결국 얼레지도 다른 식물과 경쟁하지 않을 때는 줄기를 뻗지 않아도 된다는 가설을 뒷받침해 주는 식물인 셈이다.

2. 줄기의 높이를 결정하는 것은?

그렇다면 다른 식물과 빛을 둘러싼 경쟁을 할 때는 줄기를 어떻

[33] 옛날에는 얼레지 뿌리로 녹말가루를 만들었지만, 요즘 녹말가루의 원료는 감자다.

게 뻗어야 가장 좋을까?

기존에 자라던 풀이 공사 등으로 뿌리째 뽑혀 사라진 상황을 생각해 보자. 이럴 때는 비치는 빛도 충분하고 흙에 영양분도 풍부하기 때문에 땅속에 묻혀 있던 씨앗이 발아하거나 남아 있는 뿌리에서 일제히 줄기가 뻗기 시작한다. 말하자면 '준비, 출발!' 신호에 맞춰 경쟁이 시작되는 상황이라서 빨리 키를 키우는 쪽이 유리하다. 이런 곳에 흔히 보이는 식물 중에는 불과 보름 만에 키가 50cm나 자라는 식물도 있다. 이런 경우 한번 다른 식물 밑으로 들어가면 광합성을 할 수 없게 돼 키를 키울 수 있는 에너지를 더 이상 공급받지 못한다. 따라서 전력 질주가 승부다.

재미있는 사실은 이러한 승부 경쟁을 서로 다른 종끼리는 물론이고 같은 종끼리도 한다는 점이다. 다른 식물이 자라지 못하도록 한 곳에 같은 종 씨앗만 뿌리면, 같은 종이라서 처음에는 비슷한 속도로 자란다. 그러나 그중 어떤 이유에서인지 조금 늦게 싹이 난 식물은 다른 식물들 밑으로 들어가 성장 속도가 점점 느려지고, 조금 더 위를 차지한 식물은 더 많은 햇빛을 받아 키가 점점 더 커진다. 결과적으로 같은 식물인데도 승자와 패자가 확연히 나뉜다.[34]

34 단, 우승한 식물에서 채취한 씨앗에서 튼 싹이 다음 해에도 우승자가 되느냐 하면 꼭 그렇지는 않다. 가문보다 가정 교육이 중요하달까?

같은 종이든 다른 종이든 한번 열세를 보이면 회복하기 어렵기 때문에 식물은 온 힘을 다해 키 성장에 박차를 가한다. 보름 동안 50cm라는 속도는 아마 상한선에 근접한 속도일 것이다. 한편 그러한 경쟁을 따라가지 못하는 식물은 얼레지처럼 전혀 다른 전술을 구사해야 살아남을 수 있다.

한해살이 식물은 여름 동안 아무리 키가 자란들 가을에는 시들어버리고 봄에 또다시 처음부터 시작해야 한다. 한편 나무는 매년 조금씩 키가 큰다. 말하자면 매년 차곡차곡 키를 저축하는 셈이다. 최종 키에 주목하면 나무가 이기겠지만, 자라기 시작할 때 전력 질주하는 생육 속도를 비교하면 아마도 한해살이풀이 한 수 위일 것이다. 과연 어느 쪽이 더 이득일까?

실제 세상에서는 한해살이풀도 있고 나무도 있는 걸 보면, 환경에 따라 한해살이풀이 유리할 때도 있고 나무가 유리할 때도 있는 것 같다. 몇 년만 지나면 나무 키가 한해살이풀을 따라잡을 테니 한해살이풀이 유리한 상황은 어떠한 이유로 같은 환경이 몇 년씩 꾸준히 유지되지 않는 경우일 것이다. 즉 짧은 기간에 환경이 휙휙 바뀌는 곳에서는 한해살이풀이 유리하다.

주기적으로 물이 범람하는 하천변이나 자주 토사가 무너지는 곳에서는 나무가 천천히, 그러나 착실히 키를 키우려고 아무리 노력해도 환경 변화 때문에 도로 아미타불이 되고 만다. 이러한 곳에서는 짧은 시간에 빨리 성장하는 한해살이풀이 유리하다. 한편 같은 환경이 안정적으로 지속되는 곳에서는 결과적으로 나무가 유리할 때가 많다. 여기서도 환경의 다양성이 생물의 다양성을 만들고 있음을 알 수 있다.

그렇다면 안정된 환경이 계속돼 나무가 무럭무럭 자란다면 어느 정도 높이까지 자랄 수 있을까? 그리고 그 높이는 무엇으로 결정될까?

땅과의 거리가 멀어질수록 문제가 되는 것은 뿌리에서 빨아 올린 물을 얼마나 높은 곳까지 끌어올릴 수 있는지다. 이를 생각하기 위해서는 식물이 물을 어떻게 끌어올리는지 알아야 한다.

위에서 물을 끌어올리는 주체는 잎이다. 더 정확하게는 잎에서 물이 증발하면 사라진 만큼의 물이 위로 올라간다. 줄기 안에는 물관이 지나고 있고 그 안에 이른바 물기둥이 존재한다. 물기둥 위에서부터 물이 없어지면 이를 보충하는 방식으로 물기둥이 올라간다.

그런데 이 방법에는 한 가지 문제가 있다. 진공 펌프를 사용해 물을 높은 곳까지 끌어올리려고 해도 물은 10m까지만 올라간다(그림 5-3).[35] 이는 지표면에서 상공까지의 공기 기둥 '무게'가

---

[35] 고등학교 화학 시간에 배우는 유명한 토리첼리의 실험이다. 토리첼리의 실험에서는 질량이 큰 수은을 사용하기 때문에 올라가는 높이가 76cm였다.

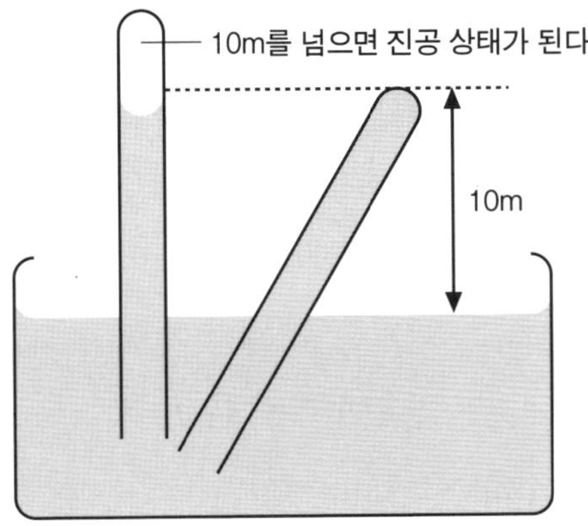

그림 5-3 물은 10m가 넘으면
펌프로 끌어올릴 수 없다

물 10m 높이의 무게와 같기 때문이다. 즉 공기의 무게인 대기압이 바깥에서 누르고 있어 물이 기둥으로 밀려 올라가는 것이다. 이 때문에 대기압과 균형을 이루는 10m 이상으로 물을 끌어올리고 싶어도 물기둥은 거기서 끊긴다.

그러나 식물은 10m가 넘는 높이까지 가지를 뻗는다. 이는 물관이라는 가느다란 관 안에 물을 가둬서 물기둥이 쉽게 끊어지지 않게 하고 있기 때문이다. 세계에서 가장 키가 큰 나무는 키가 110m 정도라고 하니, 대기압의 10배 이상의 힘으로 누르지 않는 한 도달할 수 없는 곳까지 식물은 물을 끌어올리고 있는 셈이다. 이 높이가 물리적 한계인지는 아직 잘 모른다.

이 정도 높이가 되려면 적어도 백 년 단위의 시간이 필요할 텐데, 아무리 환경이 안정된 곳이라도 번개를 맞을 수도 있고, 이런 돌발 사고가 가끔 발생하면 사고가 나무 높이를 제한할 수도 있다. 뿐만 아니라 어느 정도 높이까지 자란 나무는 주변에 경쟁 상대가 거의 없어서 더 이상 높아질 필요성 자체가 사라진다. 따라서 앞으로 키가 200m나 되는 나무가 발견될 가능성은 그리 높아 보이지 않는다.

칼럼 : 나무껍질에는 왜 무늬가 있을까?

꽃이나 풀 이름은 자세히 알지만 '나무는 잘 모른다'는 사람이 의외로 많다. 아마도 큰 나무가 되면 잎이나 꽃이 높은 곳에 달려 가까이서 자세히 관찰할 수 없기 때문이리라. 그래도 줄기 껍질은 항상 가까이에서 관찰할 수 있다. 나무껍질 모양은 소박하지만 의외로 다양하고, 나무 종류에 따라 크게 달라서 익숙해지면 나무껍질만 보고도 나무 종류를 알아맞히기도 한다.[36]

그런데 나무줄기가 하는 일이 높은 곳에 달린 잎을 받쳐주는 것이라면 굳이 공들여 표면을 장식할 필요 없이 그냥 매끈하기만 해도 충분할 듯한데, 왜 나무껍질에는 무늬가 있는 것일까?

실제로 나무를 관찰해 보면, 껍질 모양에 크게 두 종류가 있음을 알 수 있다(그림 5-4). 하나는 일정 면적을 이루는 부분의 껍

---

[36] 라고 자신만만하게 썼지만, 필자 자신은 맞히지 못한다.

그림 5-4 두 종류의 나무껍질 무늬

질이 벗겨져 떨어지고 그 흔적이 무늬가 되는 경우다. 무늬가 되는 흔적의 면적은 좁을 수도 있고 넓을 수도 있다. 또 하나는 나무껍질에 깊은 균열이 가서 무늬가 생기는 것이다. 이 두 가지 방식은 전혀 달라 보이지만 사실은 한 가지 원인, 즉 나무줄기가 굵어지는 원리 때문에 생긴다.

알다시피 나무는 해마다 나이테를 만들며 바깥쪽을 향해 굵어진다. 즉 나이테의 가장 바깥쪽에서 세포가 분열하고 필요한 물질을 합성해 점점 굵어진다. 하지만 그렇다고 줄기 표면에서 세포 분열이 일어나지는 않는다. 세포 분열이 일어나는 부위는 표면에서 조금 안쪽으로 들어간 부분이고 그 바깥쪽은 단단한 나무껍질이 보호하고 있다.

그렇다면 나무껍질 안쪽에서 세포가 분열해 줄기 안쪽이 굵어지면 나무껍질은 어떻게 될까? 당연히 나무껍질도 바깥쪽으로 이동해야 하는데, 그러면 중심으로부터의 거리가 길어지는 만큼 둘레 길이도 길어져 나무껍질은 늘어나야 할 수밖에 없다. 그러나 나무껍질은 단단한 셀룰로스로 만들어져서 고무줄처럼 늘어나지 않는다. 어떻게 하면 좋을까?

해결책은 두 가지. 하나는 오래된 껍질을 버리고 크기에 맞는 새로운 껍질을 만드는 방법이다. 또 하나는 껍질에 균열을 내서 전체적인 둘레를 맞추는 방법이다. 균열을 내는 방법도 언젠가는 안쪽에 새로운 껍질을 만들어야 한다는 점은 동일하다. 요컨대 가재의 탈피와 마찬가지로 안쪽이 커지면 바깥쪽 단단한 부분은 버리고 새로운 것으로 교체해야 한다.[37] 버리는 방법에는 두 가지가 있는데, 오래된 껍질을 바로 벗겨서 버리는 방법, 아니면 균열을 내서 한동안은 방어벽으로 계속 사용하는 방법, 둘 중 하나를 선택하게 된다.

결국 불필요한 부분은 버리기만 하면 그만이라서, 아마도 어떻게 버리느냐에 대한 엄격한 규정은 없지 않을까 싶다. 껍질을 벗겨서 버리든, 쪼개서 한꺼번에 버리든 문제는 발생하지 않는다. 그리고 벗기는 방법이나 쪼개는 크기도 식물마다 달라도 상

---

[37] 그렇다면 반대로 가재가 왜 한꺼번에 탈피하는지가 궁금해진다. 갓 탈피한 몸은 연약해서 적의 공격을 받기 쉽다는 점을 감안하면 나무껍질처럼 조금씩 벗겨내는 게 더 낫지 않을까?

관없다. 나무껍질의 무늬가 다양한 이유는 바로 여기에 있지 않을까?

3. 줄기의 단면 모양을 결정하는 것은?

'들어가며'에서도 언급했지만, 식물 줄기의 단면 모양은 식물 종류에 따라 다르다. 그러나 매우 단순하게 생각하면 식물 줄기의 단면은 대개 둥글다고 생각해도 무방하다. 얇고 넓적한 면인 기시멘처럼 납작한 줄기는 별로 없다. 이 말인즉슨 둥근 모양인 데에는 본질적인 의미가 있고, 둥근 모양에서 벗어난 '흔들림'에는 분명 환경과의 상호작용이 숨겨져 있을 것이다. 줄기 모양이 둥근 데에는 어떤 의미가 있을까?

줄기의 본질적인 역할은 잎이 높은 곳에 매달려 있도록 받쳐주는 것이었다. 그렇다면 둥근 의미는 명확하다. 만약 줄기가 납작하면 납작한 방향으로 쉽게 부러질 수 있으므로 어느 쪽으로도 부러지지 않게 하려면 둥근 모양이 최선이다.

하지만 꿀풀과나 현삼과 식물 대부분은 줄기가 사각형이고, 사초과 식물 대다수는 줄기가 삼각형이다(그림 5-5). 이들 역시

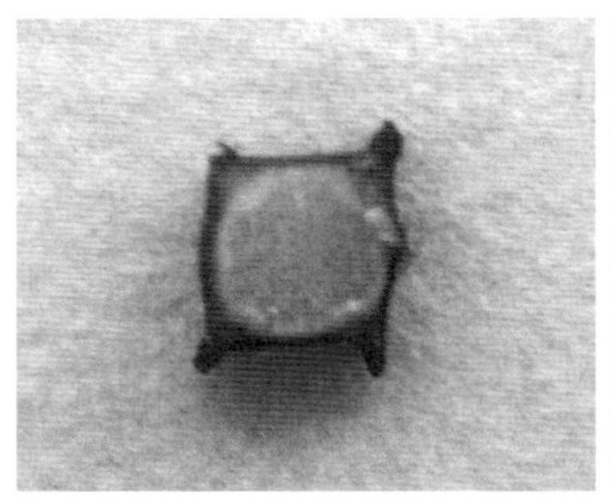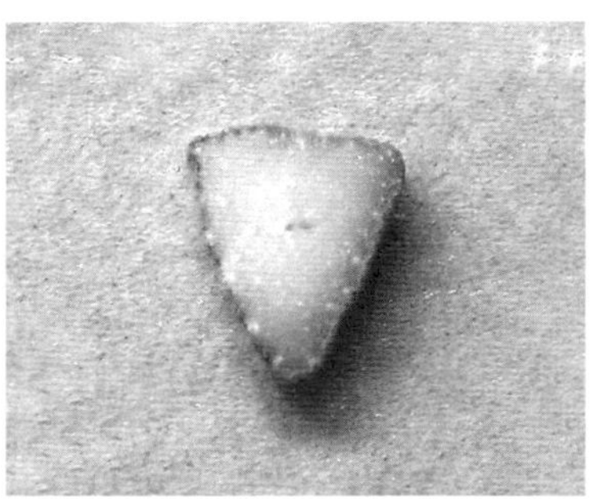

그림 5-5 사각형 줄기(현삼과의 토레니아)와 삼각형 줄기(사초과 식물)

기본은 원형이고 원형 줄기에 네 개 또는 세 개의 귀퉁이가 달린 것으로 보아야 한다. 나무의 경우는 화살나무가 줄기에서 보강재처럼 생긴 날개가 네 방향으로 뻗어 나와 있다. 귀퉁이가 달려 있으면 귀퉁이가 달린 방향으로 휘지 않게끔 저항이 세지기 때문에 바람이 불거나 할 때 줄기가 휘는 것을 막기 위해 이런 모양을 만드는 게 아닐까 싶다. 이는 3장에서 다뤘던 잎 잎맥의 보강재 역할과 매우 유사하다. 식물에 따라서는 줄기에 세로줄이 많이 들어가 들쭉날쭉한 모양을 하고 있기도 한데 이 역시 귀퉁이가 여러 개 달린 것과 마찬가지다. 다만, 넓적한 면의 예를 생각해 보면 알 수 있듯이 귀퉁이가 두 개뿐이면 그 사이 방향으로 쉽게 꺾일 수 있으므로 귀퉁이 개수는 최소한 세 개는 있어야 한다.

이렇게 써놓고 보니 줄기는 원형보다는 사각형 등이 더 좋지 않을까도 싶은데, 사실 휘어지는 것 자체가 반드시 나쁘다고는 할 수 없다. 바람을 맞아 부러져 버리면 곤란하긴 하지만, '바람에 수양버들 날리듯' 바람과 함께 흔들리다가 바람이 잦아들면 원래 상태로 돌아오는 전략도 충분히 생각할 수 있다. 그러려면 줄기는 둥글어야 한다. 단단함을 택할지 부드러움을 택할지, 전략은 식물마다 다르며 전략이 줄기 형태로 드러난다.

　구부러지지 않기 위해 귀퉁이를 만드는 대신 속을 비우는 전략도 있다. 중심에서 멀리 떨어진 곳에 구조물이 있어야 휨에 대한 저항성이 높아지기 때문에 같은 양의 물질을 사용한다면 내부를 비우고 바깥쪽에 물질을 배치하는 게 유리하다. 3장에서 소개한 샌드위치 구조와 비슷한 개념이다. '들어가며'에서 소개한 봄망초의 줄기는 이처럼 속이 텅 비었다. 한편 봄망초와 꼭 닮은 개망초는 속이 비지 않은 대신 줄기에 작은 귀퉁이가 있어서 휘지 않도록 저항성을 부여한다. 여기서도 식물은 동일한 문제에 대해 서로 다른 전략을 취하며 이러한 전략의 차이가 서로 다른 생김새를 만들어내는 것 같다.[38]

4. 줄기의 굵기를 결정하는 것은?

'휨'에 강해지는 지극히 단순한 방법은 '굵어지는' 것이다. 그러나

---

[38]　서로 다른 두 가지 전략은 동일하고 일정한 환경에서 비교하면 유불리가 있을지 모르지만, 변동하는 실제 환경에서는 남겨진 후손 수에 큰 차이가 없을 것이다.

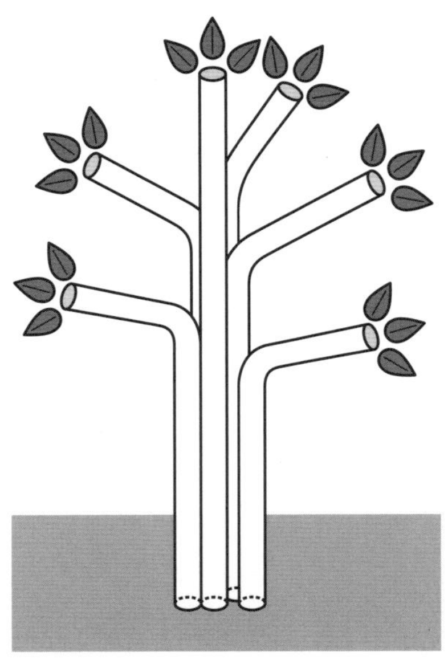

굵게 만들려면 재료가 필요하므로 그에 상응하는 대가가 있어야 한다. 반대로 말하면 나무나 풀의 줄기는 필요한 최소한의 두께로 만들어졌다고 해도 과언이 아니다. 게다가 식물은 보통 곁가지를 내기 때문에 위쪽과 아래쪽에서 필요한 굵기가 크게 다르다.

경험적으로는, 어떤 식물의 가지에 달린 잎의 양과 그 가지의 원래 부분의 단면적을 비교하면, 잎의 양이 두 배인 가지는 단면적도 약 두 배가 된다고 알려져 있다. 만약 그렇다면 가지 두 개가 합쳐지면 그 아래 가지의 단면적은 위 두 가지의 단면적의 합이 될 것이다(그림 5-6). 가지가 갈라져도 단면적의 합은 같다는 뜻이다. 이는 직관적으로는 쉽게 이해가 된다. 그럼 왜 이렇게 되는 걸까?

일정량의 잎에 물관이나 체관을 통해 물과 영양분을 보내기 위해서는 일정한 단면적이 필요하기 때문일 수도 있다. 혹은 일정량의 잎 무게를 지탱하기 위해서는 일정한 단면적이 필요해서일 수도 있다. 어느 쪽이 맞는지는 사실 식물 종류에 따라 다른 것 같다.

도쿄대학의 다테노 마사키舘野正樹 교수가 이끄는 연구팀이 밝힌 바에 의하면, 침엽수는 물관 구조가 활엽수와 달라서 물 이동이 원활하지 않은데, 따라서 필요한 물이 원활하게 이동할 수 있을 정도로 줄기를 굵게 하니, 지탱해야 하는 무게에 비해 지나치게 여유로운 줄기가 된다고 한다. 즉 줄기의 굵기를 결정하고 있는 것은 물 통과 필요성이다.

한편 활엽수는 물이 줄기 속 물관을 쉽게 통과하는데, 줄기를 가지와 나뭇잎 무게를 지탱하기에 알맞은 굵기로 만드니, 통과하는 물 양에 비해 과도하게 굵은 줄기가 된다.[39] 즉 활엽수는 역학적 필요성이 줄기 굵기를 결정한다.

단, 역학적 필요성에 대해서는 단순히 '자기 무게에 눌려 쓰러지지 않을' 정도가 아니라 '바람이 불거나 눈이 쌓여도 부러지지 않아야' 한다. 즉 어떤 일이 발생하더라도 대응할 수 있도록 조금 더 굵게 만들 필요가 있다. 공학의 세계에서는 최소 필요량을 1이라고 했을 때, 여유분을 더한 비율을 안전율 또는 안전계수라

---

39 활엽수의 물관 속에서 물이 더 활발히 이동한다면, 침엽수도 물 이동이 원활한 물관을 사용하면 되지 않냐는 의문이 생길 수도 있다. 그러나 물 이동이 자유로운 물관은 매서운 겨울 추위가 닥치면 물이 통과할 수 없다고 하니 이로서 어느 정도 의문이 풀렸으리라 본다. 이 경우에는 겨울의 온도가 다양성을 만들어내고 있다.

고 부른다. 안전율은 해당 식물이 자라는 땅의 기상 조건에 따라 크게 다른 수치를 적용해야 한다. 또 물이 줄기 안을 통과하는 정도도 온도, 습도, 일조량에 따라 변한다. 실제로는 줄기 굵기를 단순히 물 통과 정도와 가지 무게만 놓고 논의하는 것 자체가 위험할지도 모른다.

칼럼 : 물관 속 미세 구조

모양과 기능 간의 밀접한 관계는 비단 커다란 구조에만 국한되지 않는다. 예를 들어 식물의 물관을 현미경으로 확대해 보면 마치 스프링처럼 생긴 것이 보인다. 물관 벽 일부가 두꺼운 나선형 모양을 하고 있어서 스프링처럼 보이는 것이다. 이를 보니 뭔가 떠오르지 않는가? 물론 사람에 따라 다르겠지만, 필자는 진공청소기 호스가 떠오른다(그림 5-7). 이 책의 콘셉트, '생김새에는 의미

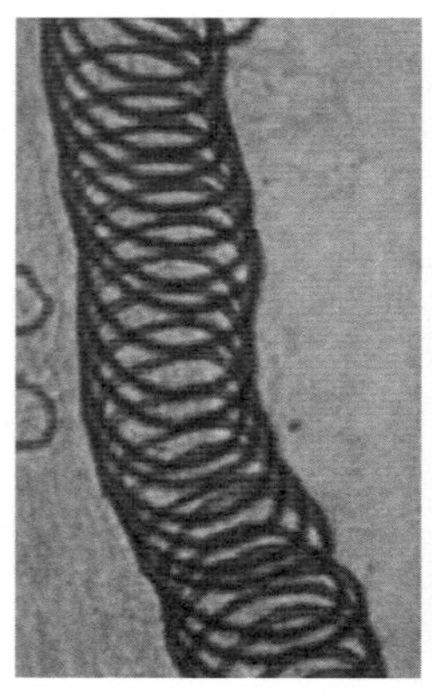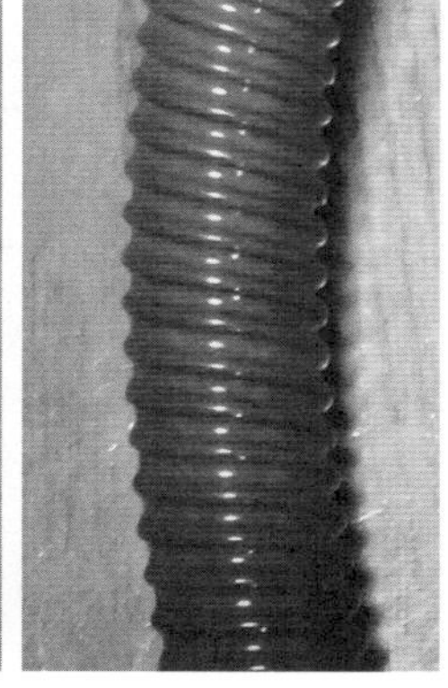

그림 5-7 물관과 진공청소기 호스 (물관 사진은 와세다대학 스즈키 겐타 촬영)

가 있다'는 관점에서 보면, 물관과 진공청소기 호스에는 분명 기능적인 공통점이 있을 것이다. 그 공통점은 무엇일까?

제일 먼저 떠오르는 것은 무언가가 통과한다는 점이다. 물관 안은 물이, 진공청소기 호스 안은 공기와 먼지가 통과한다. 다만 무언가가 통과하는 게 다라면 가스관이나 수도관도 동일하다. 그러나 가스관이나 수도관은 특별히 나선 구조가 아니다. 식물로 말하면 체관에서도 광합성 산물 등이 녹아 있는 체관액이 통과하지만, 역시 나선 구조는 아니다. 즉 나선 구조의 유무에 따라 '물관, 청소기 호스 그룹'과 '가스관, 수도관, 체관 그룹'으로 나뉜다. 두 그룹의 차이는 무엇일까?[40]

진공청소기 호스는 본체 쪽에 모터가 있어 공기를 빨아들인다. 그래서 호스를 통해 공기가 이동한다. 이때 당연히 호스 속 압력은 낮아진다. 물관의 경우는 잎에서 물이 증발하면서 가지 끝의 압력이 낮아지고 그래서 물관 속 물관액이 위로 끌려올라간다. 이때도 물관 속 압력은 대기압보다 낮다. 부드러운 튜브로 실험해 보면 바로 알 수 있는데, 안에 숨을 불어넣어 압력을 높이면

---

[40]　이러한 그룹 분류는 엉뚱해 보일 수 있지만, 생물과 무생물이 뒤섞인 그룹을 비교함으로써 그 배경에 있는 기능이 더 선명하게 드러난다고 필자는 믿는다.

숨이 잘 통과하던 튜브도, 숨을 들이마셔 압력을 낮춘 뒤에 숨을 통과시키려고 하면 튜브가 찌그러져 숨이 통과하지 못한다. 이는 대개의 물질이 당기는 힘보다 누르는 힘에 약해서다.

여기서 다시 한번 가스관과 수도관을 생각해 보자. 두 관의 경우 내보내는 쪽에서 가스나 물에 압력을 가하고 있기 때문에, 관 내부 압력이 대기압보다 높아서 관 벽에는 바깥으로 당기는 힘이 작용한다. 한편 물관과 청소기 호스는 내부 압력이 낮아지므로 관 벽에는 안쪽으로 누르는 힘이 작용한다. 따라서 물관과 청소기 호스는 둘 다 가스관이나 수도관에 비해 튼튼하게 만들어야 하는데, 이를 위한 구조가 나선형 보강재였을 것이다. 청소기 제조사 개발자가 식물의 물관 구조를 알고 있었는지는 모르겠지만, 같은 기능을 추구한 결과가 유사한 구조 형태로 나타난 것으로 보인다.

6장 뿌리는 왜 덥수룩할까?

1. 뿌리의 존재 가치와 모양

식물의 뿌리 모양을 한마디로 표현하면 역시 '덥수룩하다'가 아닐까? 이번 장에서는 식물의 뿌리가 왜 덥수룩한지 생각해 보려고 한다. 이번에도 기능적인 면에서 접근해 보자. 대부분의 식물 뿌리가 덥수룩하다면 그 배경에는 본질적인 기능이 숨어 있는 게 분명하다. 그 기능은 무엇일까? 그리고 그 기능은 왜 덥수룩한 뿌리가 필요할까?

뿌리의 기능을 하나 꼽으라면 가장 먼저 물과 영양분 흡수를 들 수 있다. 식물을 한 곳에 고정하는 기능도 있겠지만, 그건 나중에 다시 생각해 보기로 하자.

식물은 음식을 섭취하는 입이 없다. 물과 영양분이 되는 이온은 세포 표면을 통해 식물의 몸에 들어온다.[41] 식물 세포는 주위가 세포막으로 둘러싸여 있고 또 그 바깥쪽에는 세포벽이라는 단단한 벽이 존재한다. 세포벽의 주성분은 셀룰로스인데 물을 비롯한 다양한 물질이 잘 통과한다. 한편 세포막의 주성분은 지질이라서 기본적으로는 물과 이온이 쉽게 통과하지 못한다. 그러나 지질막에는 특수한 단백질이 포함돼 있어 이 특수 단백질이 물

---

[41] 동물이 입으로 섭취한 물이나 영양분도 결국은 장 등의 세포 표면에서 흡수 되므로 이 점은 마찬가지일 수도 있다.

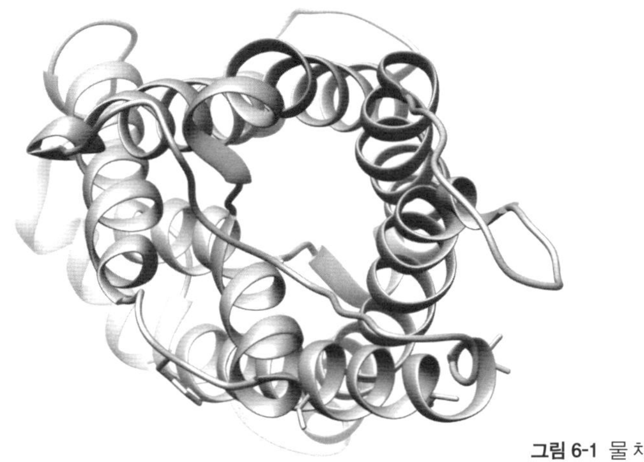

그림 6-1 물 채널의 구조

분자와 다양한 이온을 세포 안으로 통과시킨다.

이때 얼마나 빠르게 통과시키는지를 결정하는 한 가지 요인이 바로 특수 단백질의 양이다. 물을 통과시키는 것은 물 채널이라고 부른다(그림 6-1). 물 채널의 단백질은 무언가가 통과하기에 적당한 구멍 모양을 하고 있고, 그 일부는 뿌리가 물을 흡수하는 데 도움이 된다. 식물이 건조한 환경에 노출되어 물을 흡수해야 할 때는 뿌리의 물 채널 양을 늘려 대처하는 것으로 보인다. 다만 이는 어디까지나 임시 조치일 뿐이고 기본적으로 애초에 뿌리 양이 적다면 이야기가 되지 않는다.

그렇다면 '뿌리의 양'이 '많다' 또는 '적다'라고 할 때, 부피나 무게로 비교하면 될까? 외부로부터 물질을 흡수할 때는 어떤 경우든 표면에서 흡수할 수밖에 없다. 따라서 물질을 흡수하는 속도는 표면적에 비례할 테니 부피는 상관없다. 한편 기관이나 세포의 부피는 그 안에 든 물질의 양을 나타내는 동시에 그 안에서 진행 중인 다양한 반응을 위해 흡수해야 하는 물질의 양을 나타내기도 한다. 따라서 같은 재료를 사용해 흡수 속도가 빠른 뿌리를 만들려면 부피당 표면적을 키우는 게 가장 좋다.

비슷한 상황은 표면에서 일어나는 반응, 예를 들면 촉매를 사용한 배기가스 정화 등에서도 일어난다. 이러한 경우에도 부피당 표면적을 증가시켜야 한다. 촉매 반응이 효율적으로 이루어지려면 촉매를 고운 가루로 만들거나 아니면 스펀지처럼 다공질로 만들어 표면적을 넓힌다. 그러나 식물 뿌리는 뿔뿔이 흩어지면 안 되기 때문에 가루로 만들 수 없고, 흙 속에 새로 뻗게 만들어야 하니 다공질로 만들기도 어렵다. 따라서 가느다란 선 모양 구조라면 어느 정도 표면적을 확보할 수도 있고, 흩어지지도 않으며, 더 나아가 흙 속에서 새롭게 뻗기도 어렵지 않다.[42]

단, 한 줄로만 줄기차게 뻗어 나가면 엄청난 길이가 필요한데다, 뻗는 지점이 끝부분 한 곳뿐이라서 효율성이 떨어진다. 그래서 곁뿌리가 필요하다. '그런데, 줄기가 하나인 식물도 있는 것처럼 뻗는 지점이 맨 끝에 하나만 있으면 되지 않나?' 하고 의문을 품는 사람도 있을 수 있다. 지극히 타당한 의문이다. 그렇다면 줄기와 뿌리의 차이는 무엇일까?

---

[42] 여기서 장에서 영양분 흡수에 관여하는 '융털'이라는 작은 돌기를 떠올리는 사람도 있을지 모르겠다. 이것도 표면적을 확보하기 위한 구조다.

줄기와 뿌리는 필요한 길이가 전혀 다르다. 가령 풀은 줄기 높이가 높아 봐야 겨우 2m 정도다. 앞에서도 다뤘듯 세계에서 가장 큰 나무도 100m가 넘는 정도다. 100m 상공으로 올라가면 지상과 전혀 다른 환경이 펼쳐질 것이다. 그러나 뿌리가 원하는 것은 길이가 아니다. 뿌리에게는 길이보다 넓은 표면적이 필요하므로 그 정도로는 부족하다. 실제로 미국의 한 연구자가 화분에 심은 호밀의 땅속뿌리 전체 길이를 조사했더니 수백 킬로미터나 됐다는 논문이 있다.[43] 끝부분 한 지점에서만 뻗어 나간다면 도저히 닿을 수 없는 길이다. 또 가장 중요한 표면적은 얼마인가 하면, 나중에 설명할 뿌리털까지 포함해 수백 제곱미터에 달했다. 화분에 심은 한 식물이 수백 제곱미터의 표면적을 확보하려면 덥수룩한 모양을 유지하는 것밖에 방법이 없는 것이다.

뿌리가 덥수룩하게 갈라져 언뜻 비슷비슷해 보이는 뿌리도, 원뿌리가 명확히 있어 그 원뿌리에서 곁뿌리가 발달한 유형의 식물이 있고, 뿌리 밑동에서 뿌리가 한꺼번에 뻗어 나온 것처럼 보이는, 이른바 '수염뿌리' 유형의 식물이 있다(그림 6-2). 중학교 과학에서는 쌍떡잎식물은 원뿌리·곁뿌리 유형이고, 외떡잎식물은 수염뿌리 유형이라고 배운다. 그러나 3장 칼럼에서도 설명했듯

[43] '한가한 사람도 있구나'라고 생각할 수도 있지만, 1937년에 미국의 권위 있는 학술지에 실린 논문이다.

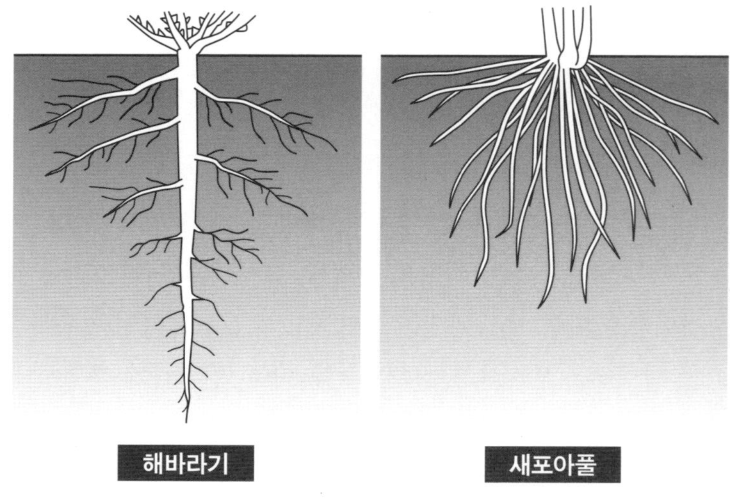

그림 6-2 원뿌리·곁뿌리 유형(왼쪽)과 수염뿌리 유형

이 현재 밝혀진 바에 의하면 쌍떡잎식물이라는 분류군은 존재하지 않는다. 그럼에도 외떡잎식물은 하나의 분류군이므로 외떡잎식물에 수염뿌리 유형이 많다고 해도 틀리지 않다. 수염뿌리 유형과 원뿌리·곁뿌리 유형의 차이는 왜 생길까?

아마도 뿌리가 어디에서 무엇을 원하는지의 차이일 것이다. 지면 아래에는 흙이 있는데 그 성질은 균일하지 않다. 비가 내리면 물은 비교적 빠르게 땅속으로 스며드는 반면, 마를 때는 지표면부터 서서히 마른다. 보통은 흙 표면이 말라 있어도 깊이 파보면 젖어 있다. 물을 찾으려면 뿌리를 깊이 내려야 한다.

　그럼 영양을 위해 필요한 이온은 어떨까? 식물에 중요한 질소화합물과 인산화합물의 이온은 다른 생물의 배설물이나 사체가 큰 공급원이다. 즉 이것들은 기본적으로 지표면에서 공급된다. 영양분이 되는 이온은 물과는 반대로, 지표면 가까이에 많고 땅속 깊이 들어갈수록 적어진다.[44]

　이때 물 흡수가 주목적이라면 뿌리를 깊게 뻗는 원뿌리·곁뿌리 유형의 식물이 유리할 테고, 영양이 되는 이온 흡수가 최우선이라면 지면 가까이에 많은 뿌리를 뻗는 수염뿌리 유형이 더 유리할 것이다. 물론 어느 쪽이 더 중요하고 어느 쪽이 덜 중요한지는 상대적이다. 물 흡수가 중요하다고 해도 물 자체가 적어 건조한 땅일 수도 있고, 땅속에 영양이 충분해 결국 상대적으로 물이 생육을 좌우하는 곳도 있을 수 있다. 여기서도 이러한 환경과의 관계로 인해 식물의 뿌리 형태가 다양해진 게 아닐까 추측해 볼 수 있다. 그러나 이것만으로는 외떡잎식물에 수염뿌리 유형이 많은 이유가 명확하지 않다. 실제로 이러한 사실은 외떡잎식물이 줄기와 뿌리가 옆으로 비대해지는 성장을 하지 못함을 반영하고 있는데, 여기서는 더 깊이 들어가지 않기로 한다.

[44]　이처럼 '한쪽이 좋으면 한쪽이 불리한' 상태는 바다의 영양과 빛 사이에서도 볼 수 있다. 바다에서도 해수면 근처는 빛은 강하지만 영양이 적고, 해저 부근은 영양은 풍부하지만 빛이 약하다.

중학교 과학 교과서에는 "이끼류는 잎, 줄기, 뿌리의 구별이 없다"라고 적혀 있다. 실제로 땅바닥에 빽빽이 퍼져 있는 우산이끼 등은 줄기가 없어 보이지만, 솔이끼 등은 땅바닥을 파고든 '뿌리'와 광합성을 하는 '잎'이 있고, 그 사이를 수직의 '줄기'가 연결하고 있어 아무리 생각해도 잎과 줄기와 뿌리가 있다(그림 6-3). 결국 '이끼류는 잎, 줄기, 뿌리의 구별이 없다'라는 말은 오히려 약속상의 문제에 가깝다. 이끼는 양치식물이나 꽃을 피우는 식물과 달리 관다발이 없어서 일반적인 잎, 줄기, 뿌리와는 구조가 다르기 때문에 그렇게 정했을 뿐이다.

여기에 이 책에서 살펴본 것처럼 기능 관점의 사고법, 즉 광합성을 하는 건 잎이고, 잎을 공간적으로 받쳐주는 건 줄기이며, 물과 이온을 흡수하는 건 뿌리라는 사고법을 대입하면 어떻게 될까? 솔이끼의 잎처럼 보이는 곳은 기본적으로 광합성을 담당하고 있으니 당연히 잎이고, 줄기처럼 보이는 곳은 그 '잎'을 공간적으로 받쳐주고 있으니 줄기다. 그러나 뿌리는 조금 다르다. 이끼는 수분 흡수를 뿌리에서뿐 아니라 '잎'과 '줄기'로도 하기 때문에 '뿌리'만의 전매특허는 아니다. 그런 의미에서 기능 관점에서 생각했을 때도 이끼의 '뿌리'처럼 보이는 부분은 본래의 뿌리라고 할 수 없다.

그렇다면 이끼의 '뿌리'는 어떤 일을 하는가 하면, 한 장소에

그림 6-3
이끼의 '줄기'와 '잎'

식물을 고정하는 일을 하는 것으로 보인다. 식물체 전체로 물을 흡수할 수 있는 이끼에도 뿌리가 필요하다는 사실은, 수분 흡수뿐 아니라 식물체 고정 또한 뿌리의 중요한 기능임을 보여준다.[45] 스스로 움직이지 못하는 식물이 한 장소에 고정되어 있지 않으면 바람 등에 날려 움직이다가 낮은 곳으로 이동해 결국 움푹 파인 곳으로 모여들게 될 테니 당연한 건지도 모른다. 뿌리가 식물체를 한 곳에 고정하는 역할을 하지 않는 식물에 뭐가 있는지 생각해 보니, 수생식물인 부레옥잠이 떠오른다. 부레옥잠은 수면에 떠 있어서 바람에 밀려도 움푹 파인 곳으로 모일 염려가 없다. 수

45   이 점에서는 이끼의 '뿌리'도 역시 뿌리라고 할 수 있다.

면에 떠 있으면 뿌리로 고정되어 있지 않아도 큰 문제가 되지 않을 것이다.

2. 곁뿌리와 뿌리털

뿌리는 가지와 달리 흙 속에 있어서 자신이 무게를 지탱할 필요가 없다. 하지만 역시 일정량의 물질을 운송해야 하므로 가지와 마찬가지로 곁뿌리가 나와도 단면적의 총합은 곁뿌리가 나오기 전 단면적과 비슷해야 편리할 것이다. 기본적으로는 뿌리 한 개의 단면적은 줄기와 연결되는 부분에서 가장 넓고, 곁뿌리가 나올수록 좁아진다. 이 경우 부피당 표면적은, 밑동에서는 좁고 끝부분으로 갈수록 넓어진다. 그렇다면 물과 이온 흡수 역시 주로 뿌리 끝부분에서 이루어진다고 봐도 무방하다. 그렇다면 끝에서 뿌리는 어느 정도까지 가늘어질까?

생물의 기본 단위는 세포이므로, 이론적으로 뿌리를 가장 가늘게 하려면 세포 한 개로 이루어진 뿌리를 만들면 된다. 실제로 그렇게 세포 한 개로 이루어진 뿌리가 뿌리털이다(그림 6-4). 뿌리털의 길이는 수십 마이크로미터(μm)에서 1mm에 달할 수 있지만, 직경은 수 마이크로미터 정도라서 그야말로 세포의 크기다.[46] 한 개를 떼어내 눈앞에 놓아도 거의 보이지 않을 정도로 미세하다. 이렇게 미세하면 단순히 표면적이 넓을 뿐 아니라 흙의 작은 틈새도 비집고 들어갈 수 있다는 장점이 있다.

이렇게 거의 눈에 보이지 않는 뿌리털이 합쳐져 조금 굵어지고, 또 그것이 합쳐져 좀 더

그림 6-4 뿌리털 (투명하며 가늘고 긴 돌기 부분. 와세다대학 도미나가 모토키 박사 제공)

굵어지는 식으로 곁뿌리가 생긴다고 생각할 수도 있지만 사실은 그렇지 않다. 가늘기는 해도 육안으로 분명히 뿌리라고 식별될 정도로 굵은 뿌리에서 한꺼번에 수많은 뿌리털이 자란다. 아마도 뿌리털처럼 가는 것에만 집중했다가는 물리적 강도를 충분히 유지할 수 없기 때문일 것이다. 실제로 뿌리털의 수명은 짧아서 길어야 몇 주, 짧은 경우는 며칠 만에 '죽어버리고' 만다. 말하자면 몹시 미세한 뿌리털은 일회용이고, 기관으로서의 뿌리와는 별개로 생각해야 한다.

뿌리는 뿌리 끝 근단根端이라는 부분에서 세포가 분열하며

[46]   1마이크로미터(㎛)는 1미터의 100만분의 1이다.

그림 6-5 군집 뿌리 (M. Shane 박사 촬영)

자란다. 분열한 세포가 일정 크기에 달하는 부분(이는 근단에서 조금 지상 쪽이다)에서 뿌리털이 만들어지지만, 수명이 다하면 죽기 때문에 뿌리털은 근단에서 일정 거리 범위 안에서만 볼 수 있다. 그리고 당연히 이 범위는 뿌리가 자라면서 근단과 함께 움직인다. 이 근단에 가까운 일정 범위가 물과 이온 흡수의 측면에서 본래 뿌리의 역할에 가장 충실한 부분이다.

뿌리와 뿌리털은 물과 이온을 흡수하기 위해 존재하므로 물과 이온이 부족하면 식물은 뿌리와 뿌리털을 늘려 대처한다. 그 극단적인 예로 인산이 부족한 토양에서 자라는 식물에서 보이는 '군집 뿌리cluster root'가 있다(그림 6-5). 인산이 결핍되면 뿌리털이 달린 곁뿌리가 뿌리에서 빽빽하게 자라나기 때문에 뿌리 한 가닥이 마치 덥수룩한 다람쥐 꼬리처럼 보인다.[47] 우리 주변에서는 화단 등에 심는 루피너스 등에서 군집 뿌리를 볼 수 있다. 이렇

---

47 호주나 남아프리카 등의 오래된 지층에서는 암석의 풍화로 인산이 결핍된 곳이 많아 군집 뿌리가 발달한 식물이 많다.

116

게까지 형태가 변하는 경우는 매우 드물지만, 식물 전체에서 뿌리가 차지하는 양은 식물이 어떤 환경에 있느냐에 따라 크게 변화한다. 흙에 포함된 수분을 실험적으로 일정하게 조절하기는 좀처럼 쉽지 않지만 수분이 감소하면 수분 흡수를 위해 뿌리 양이 늘어나리라는 것은 짐작할 수 있다. 그렇다면 수분 조건은 같은데 식물에 더 많은 빛이 닿으면 어떻게 될까?

빛과 뿌리는 관계없다고 생각할지 모르지만, 이때도 뿌리가 많아진다. 광량이 많아지면 광합성량도 점점 증가하는데 이때 물이 충분히 공급되지 않으면 모처럼의 빛이 쓸모가 없어진다. 이럴 때는 잎을 조금 줄여서라도 뿌리를 늘려야 이득이다.

칼럼 : 풀뿌리와 나무뿌리

일반적으로 풀뿌리는 가느다란 데 비해 나무뿌리는 꽤 끝부분까지 굵다. 물과 영양 흡수라는 점에서 보면 가느다란 게 유리할 터다. 그렇다면 나무뿌리가 굵은 이유는 무엇일까?

풀을 나무와 비교했을 때 다른 점은 크기와 수명이다. 큰 나무의 줄기를 안정적으로 떠받치려면 충분히 강해야 하므로 나무

뿌리는 굵을 수밖에 없다. 또 나무는 때에 따라 수십 년, 수백 년 동안 같은 뿌리를 사용해야 하는데 그러려면 뿌리가 튼튼하고 굵어야 한다. 나아가 뿌리는 저장 기관의 역할도 하므로 수명이 긴 나무일수록 뿌리가 큰 것은 바로 이러한 점도 반영하고 있을 것이다.

그러나 뿌리가 굵으면 그만큼 물과 영양 흡수는 어려울 수밖에 없다. 실제로 나뭇잎의 광합성량은 풀잎의 광합성량보다 적은 경우가 많은데, 그 원인 중 하나는 잎의 재료 중 하나인 질소 이온을 뿌리에서 충분히 흡수하지 못하기 때문이 아닐까 싶다.

이 가설을 뒷받침하기 위해 도쿄대학의 다테노 마사키 교수는 약물을 사용해 나무 지상부의 성장을 억제해 보았다. 그러자 식물체에서 뿌리가 차지하는 비율이 커짐과 동시에 잎의 광합성 능력이 풀의 그것과 비슷할 정도로 증가했다.[48]

따라서 뿌리의 영양 흡수 능력은 단순히 뿌리만의 문제에 그치지 않고 잎의 광합성 능력에도 영향을 미치고 있음을 알 수 있다. 땅속의 뿌리는 보통 눈에 잘 띄지 않지만, 보이지 않는 곳에서 일하는 뿌리의 작용이 잎이 얼마나 광합성을 하는지까지 결정하고 있는 셈이다.

---

48 하지만 이 약물 처리한 나무는 성장이 형편없었다고 한다. 원래 가진 능력 이상의 일을 하려고 해도 뜻대로 잘 되지 않는 법인가 보다.

3. 미생물과 뿌리의 관계

식물 뿌리를 파다 보면 뿌리가 곰팡이 같은 것에 덮여 있는 모습을 볼 때가 있다. 병에 걸렸나 싶어 징그럽지만, 사실은 눈에 보이느냐 안 보이느냐일 뿐 대다수의 식물 뿌리는 주변에 있는 균근균菌根菌이라 불리는 미생물과 함께 공생한다는 사실이 최근 연구에서 밝혀졌다.[49] 공생共生이란 글자 그대로 함께 산다는 뜻이므로 상대의 존재가 도움이 되는 관계를 말한다. 식물과 균근균은 서로에게 어떤 도움이 될까?

식물이 받는 긍정적인 영향은, 뿌리 표면에 붙은 균근균이 인산 등 영양이 되는 이온을 흡수해 준다는 점이다. 뿌리털이 가늘다는 이야기를 했는데, 균근균이 실처럼 뻗어 내는 균사菌絲는 뿌리털보다 몇 배나 더 가늘다. 또 길이도 뿌리털은 기껏해야 1mm 정도인데 균사는 단위가 센티미터 이상이어서 땅속 넓게 퍼져 있는 영양을 식물에게 공급할 수 있다.

균근균이 받는 긍정적인 영향은 식물이 공급하는 유기물이다. 균근균은 이 유기물을 에너지원으로 삼는 것으로 보인다. 다만 일부 식물은 공생이 아니라 균류에 기생하기도 한다. 광합성

---

[49]　균근균은 버섯이나 곰팡이, 효모 등과 같은 균류 무리다.

을 하지 않는 식물 중에는 균류에게서 영양분을 일방적으로 빼앗아 생활하는 사례도 있다.

그럼 반대로 식물에게 달갑지 않은 미생물이 들어와 기생할 우려는 없을까? 잎 표면에는 큐티쿨라라는 견고한 방어벽이 있지만, 뿌리는 표면에서 물과 이온을 흡수해야 하므로 표면 세포의 세포벽에 큐티쿨라를 만들 수 없다. 그러나 표면에 큐티쿨라를 만들지 않을 뿐이지 사실 뿌리 내부에는 '카스파리선casparian strip'이라는 방어선이 있다. 이 방어선에 있는 세포와 세포 사이의 세포벽에 물을 효과적으로 튕겨내는 유기화합물이 덧대어 있어서 물과 미생물이 자유롭게 통과하지 못한다. 뿌리털 등에서 흡수된 물도 카스파리선까지 오면 일단 세포 내부로 들어가야 중심에 있는 관다발까지 도달할 수 있다.

그런데 여기서 궁금한 점은 결국 방어벽을 만들 거라면 왜 잎과 다른 방법을 사용하는지다. 잎에서는 표면의 큐티쿨라층을 사용하고, 뿌리에서는 내부의 카스파리선을 사용하는 데는 나름의 이유가 있지 않을까?

이와 관련해 한 가지 생각할 수 있는 점은, 뿌리는 균근균과의 공생이 필요하기 때문에 뿌리 표면에 방어선을 깔지 못한 것이 아닌가 하는 가설이다. 방어선인 카스파리선을 큐티쿨라보다 안쪽으로 이동해 설치함으로써 카스파리선보다 바깥쪽에 미생물과의 공생 구역을 만들었다고 생각하면 괜찮은 설명 같은데, 어떤가?[50]

칼럼 : 미생물과의 공생이 불러온 불청객

미생물과 공생하며 영양분을 흡수하려면 어떻게든 미생물을 불러들여야 한다. 이를 위해 식물이 사용하는 물질 중 하나가 스트리골락톤strigolactone이다. 스트리골락톤은 식물 지상부의 곁가지 발달에도 관여하는 식물 호르몬의 일종인데, 땅속에서 분비되면 균근균이 이를 신호로 인식하고 뿌리와의 공생을 시작한다.

식물과 균근균은 말하자면 서로 좋아하는 관계라 괜찮지만, 그 배후에서 식물 뿌리에 기생할 기회를 호시탐탐 노리는 식물도 있다. 스트리가Striga는 열당과[51] 식물로 가련한 꽃을 피우는 청초한 겉모습과 달리 옥수수나 벼 등에 기생해 농업에 막대한 피해를 주는 식물이다(그림 6-6).

이 스트리가가 숙주인 옥수수 등의 뿌리에 기생하려면 숙주 뿌리가 가까이 있을 때 발아해야 하는데 이때 사용되는 신호가 바로 스트리골락톤이다. 숙주 식물이 균근균과의 공생을 바라고

---

50   인터넷 세계에서는, 사내 네트워크 중에서도 웹 서버 등 외부에 공개해야 하는 부분은 DMZ(DeMilitarized Zone, 직역하면 비무장지대)라 불리는 중간 영역에 두고 내부와는 방화벽으로 분리한다. 뿌리도 딱 비슷한 느낌이다.

51   예전에는 현삼과로 분류되었다.

그림 6-6 기생식물 스트리가 (바닥에 무리 지어 꽃 핀 식물. 나라첨단과학기술대학원대학 요시다 사토코 박사, 이화학연구소 시라스 겐 박사 제공)

스트리골락톤을 분비하면 이때 기생식물인 스트리가까지 이 신호에 반응한다. 스트리가 입장에서 보면 식물이 균근균을 불러들이기 위해 자신의 위치를 공개하자 냉큼 기회를 잡은 셈이다.

스트리가와 스트리골락톤이라는 이름에서 알 수 있듯이, 사실 스트리골락톤은 처음에는 스트리가의 발아를 촉진하는 물질로 발견됐다.[52] 이후 식물 자신의 곁가지 발달을 억제하는 작용도 있음이 밝혀졌다. 그렇다면 왜 같은 물질이 곁가지 발달 억제와 공생 모두에 작용하는 것일까?

한 가지 가능성은 균근균과의 공생이 이루어지면 뿌리에서 이온 상태의 영양분을 많이 흡수할 수 있고, 곁가지 발달을 억제해 지상부 규모를 줄이면 흡수한 영양이 잎에서 소비되는 양이 감소하므로 양쪽 모두 '영양이 되는 이온 부족'이라는 사태에 효과적으로 대응할 수 있다는 설명이다. 동일한 사태에 대처하기 위해 같은 신호를 사용하는 방법은 합리적이라 할 만하다. 이 역시 실험적으로 증명하기란 어려울 것 같지만, 충분히 그럴싸한 논리다.

---

52   락톤이란, 산소가 2개 들어간 고리 모양의 화합물 이름이다. 스트리골락톤은 스트리가의 락톤이라는 의미다.

4. 질소 고정을 둘러싼 공생

모양이 특징적인 뿌리를 하나 더 꼽으라면 뿌리혹을 들 수 있다. 뿌리혹은 주로 콩과 식물에서 보이는데 뿌리 곳곳에 둥근 알갱이가 붙은 모양이다(그림 6-7). 이 뿌리혹도 미생물과의 공생의 결과물인데 이쪽은 균류가 아니고, 공기 중의 질소 분자를 생물이 이용할 수 있는 형태로 바꾸는 작용(질소 고정)을 하는 세균(뿌리혹박테리아)과의 공생이다.[53]

질소는 단백질의 재료가 되기 때문에 식물에 없어서는 안 되는 물질이다. 그러나 질소는 이산화탄소와 물을 원료로 광합성을 해서 얻을 수 있는 탄소나 수소, 산소와 달리 기본적으로 토양에서 흡수해야 한다. 공기의 80%를 질소 분자가 차지하고 있으니 이를 활용하면 문제가 간단히 해결되지 않겠냐고 생각하는 사람도 있겠지만, 이게 말처럼 쉽지 않다. 왜냐면 공기 속 질소 분자는 매우 안정적이라서 식물과 동물은 질소 분자를 생물이 사용 가능한 형태로 바꿀 수 없다. 그런데 세균 중에는 특수한 효소인 니트로게나아제nitrogenase를 가지고 있어서 이 효소를 사용해 질소 분자를 생물이 이용할 수 있는 형태로 바꾸는, 즉 질소 고정이 가능

---

[53] 균류는 핵을 가진 진핵생물, 세균은 핵이 없는 원핵생물로 전혀 다른 생물이다. 부끄럽게도 필자는 학생 시절 이 구별을 몰라 "그것도 모르면서 생물학을 연구한다는 거야?"라는 심한 핀잔을 들은 적이 있는데 그 기억이 아직도 생생하다.

그림 6-7
뿌리에 생긴 뿌리혹
(도쿄농공대학 야스다 미치코
박사 촬영)

한 세균이 있다. 뿌리혹박테리아가 바로 이러한 성질을 가진 세균이다.

식물 입장에서는 사실 무궁무진하게 존재하는 공기에서 뿌리혹박테리아가 질소를 흡수해 이용 가능한 형태로 만들어주기만 한다면, 애써 뿌리에서 한정된 질소를 흡수하려고 노력하지 않아도 된다. 또 식물 역시 무궁무진하게 존재하는 물과 공기를 사용해 광합성으로 만든 유기물을 뿌리혹박테리아에게 주기만 하면 된다. 그야말로 서로에게 도움이 되는 공생 관계가 이루어진다.

그렇다면 굳이 뿌리혹이라는 알맹이 모양의 구조를 만드는 이유는 무엇일까? 아니 그 이전에 공기가 원료라면서 왜 땅속의 뿌리를 활용하는 것일까? 이는 앞서 설명한 질소 분자 반응을 일으키는 니트로게나아제라는 효소의 성질 때문이다. 이 효소는 사실 산소에 매우 약하다. 산소가 포함된 일반 공기에 닿으면 바로 파괴된다. 이쯤 되면, 뿌리혹이라는 특별한 구조를 뿌리에 만드는 이유가 짐작되지 않는가?

니트로게나아제는 산소에 약하기 때문에 두꺼운 벽으로 둘러싸인 뿌리혹이라는 구조를 만들어 산소가 포함된 외부 공기로부터 뿌리혹박테리아를 차단시키고, 되도록 산소가 적은 조건에서 질소 고정이 이루어지도록 하는 것이다. 그렇다면 잎에 만들지 않는 이유도 분명하다. 잎에서는 광합성을 하느라 산소가 발생하기 때문에 니트로게나아제를 놓아두기에는 최악의 장소다. 그래서 산소 농도가 낮은 곳으로 뿌리가 선택되었을 것이다. 땅속은 토양 생물 등이 호흡하면서 산소를 흡수하기 때문에 공기 중보다 산소 농도가 대부분 낮다.

뿌리혹에는 두꺼운 벽 설치 외에도 몇 가지 고안 장치가 있다. 하나는 뿌리혹 내부에서 호흡을 활발하게 하는 것이다. 호흡은 산소를 소비하는 활동인 만큼, 호흡이 활발해지면 산소 농도도 낮아진다. 또 혹시라도 산소 농도가 변하거나 하면 대처할 수 있도록 뿌리혹 내부에 레그헤모글로빈leghemoglobin이라는 산소

흡착 단백질을 다량 보유하고 있다.[54] 사람 혈액의 적혈구 안에는 산소를 운반하는 역할을 하는 헤모글로빈이라는 단백질이 있는데, 레그헤모글로빈은 헤모글로빈과 마찬가지로 철과 결합해 붉은색을 띠고 있어서 뿌리혹을 잘라 단면을 보면 붉은 기가 돈다(그림 6-8). 세균은 뿌리혹 안에 박테로이드라는 덩어리를 만들어 살고 있다.

이쯤 되면 뿌리혹이 이를테면 뿌리에 찰싹 달라붙어 감싸는 모양이 아니라 알갱이 모양(구형)인 이유를 알 것 같지 않은가?

앞에서 설명했듯이 구 모양은 부피에 비해 표면적이 가장 좁다. 뿌리는 표면적이 넓어야 하는 기관이지만, 뿌리혹은 외부로

---

54   콩과 식물을 영어로 legume이라고 하므로 레그헤모글로빈은 콩의 헤모글로빈이라는 의미다.

부터의 산소 흡수를 최대한 줄여야 하기 때문에 표면적을 최소화하는 형태, 즉 구 모양으로 만드는 게 가장 적절하다. 이 경우 질소 흡수도 적어진다는 사실이 마음에 걸리지만, 공기의 약 80%가 질소라는 점과 질소 고정 반응에 필요한 질소의 양을 생각하면 실제로는 뿌리혹 안에서 질소가 부족할 일은 없다.

칼럼 : 뿌리혹박테리아를 둘러싼 보안시스템

뿌리혹박테리아가 처음 식물에 유입되는 과정을 '감염'이라고 하는데, 이는 사람의 질병 감염과 달리, 말하자면 미리 정해진 암호를 사용하는 양방향 거래다.

먼저 식물의 뿌리는 플라보노이드라는 물질을 합성해 분비한다. 뿌리혹박테리아가 플라보노이드를 '감지'해 필요한 식물 뿌리가 가까이 있음을 인지하면, 뿌리혹 형성 유도인자nod factor[55]라는 올리고당[56]의 일종을 합성한다. 이 물질이 이번에는 식물에 작용해 뿌리혹박테리아가 식물 체내로 들어오는 과정을 유도한다. 실제로 이후에도 몇 가지 엄밀한 상호작용이 필요한데, '산'이란 말에 '강'이라 답하는 단순한 암구호 수준이 아니라서 여러 겹의 안전장치가 설치된 보안시스템 같다.

---

[55] 원어의 nod는 뿌리혹을 뜻하는 영어 nodule에서 유래했다.

[56] oligos는 그리스어로 소수라는 뜻이며 올리고당은 소수의 당이 연결된 물질이다.

이처럼 보안을 철저히 하는 이유는 당연히 외부자를 배제하기 위해서다. 실제로 간단히 '콩과 식물'과 뿌리혹박테리아라고 말은 해도, 특정 종의 콩과 식물에는 특정 종의 뿌리혹박테리아만 감염된다. 이러한 일대일 관계는 보안시스템에서 쌍을 이루는 각 식물과 뿌리혹박테리아가 다른 물질, 이를테면 구조가 조금 다른 뿌리혹 형성 유도인자를 사용하는 식으로 성립된다. 그렇다면 왜 이렇게 철저한 보안이 필요한 걸까?

그것은 보안이 허술하면 뿌리혹박테리아 대신, 질소 고정은 하지 않고 유기물만 가로채는 세균이 들어올 가능성이 있어서다. 그렇게까지 엄격하게 하지 말고 다른 종의 콩과 식물에 공생하는 뿌리혹박테리아 정도는 받아들여도 좋지 않나 싶지만, 실제로 이 부분이 소홀해지면 뿌리혹박테리아로 가장한 가로채기 세균이 침입할 수도 있다. 제한이 너무 엄격해서 아예 상대를 찾을 수 없는 상황이 아니라면 보안은 높으면 높을수록 좋다.

5. 뿌리의 다양성

뿌리가 토양에서 물과 영양분을 흡수하는 기본적인 기능 외에 다

그림 6-9 각양각색의 뿌리 ①
- 낙우송의 호흡뿌리
- 큰잎맹그로브의 무릎뿌리
- 붉은맹그로브의 받침뿌리

른 기능을 담당할 때는 뿌리혹처럼 생김새가 심하게 변한다. 반대로 말하면, 이상한 모양의 뿌리를 발견했다면 그 뿌리는 특수 기능을 가진 뿌리일 가능성이 높다. 그래서 이번 장 마지막에서는 생김새가 이상한 뿌리를 살펴보자.

낙우송은 한자로는 落羽松이라고 쓴다. 잎이 깃털 모양의 겹잎이고 주로 습지에서 자라는 거대한 낙엽수다. 낙우송 주변 땅

에는 종유석처럼 생긴 것들이 많이 솟아 나와 있다.[57] 이는 낙우
송의 호흡뿌리(공기뿌리의 일종. 모양으로 보아 무릎뿌리라고도 한다)
로, 땅속으로 일반 뿌리와 연결되어 있다(그림 6-9 왼쪽).

강가 저습지 등에서는 땅이 물에 잠기면 토양 속 틈새에 공
기가 사라져 뿌리가 호흡을 할 수 없게 되기도 한다. 이럴 때 호흡
뿌리 부분이 공기 공급에 도움을 준다. 비슷한 호흡뿌리는 열대
부터 아열대 지역에 걸쳐 나타나는 맹그로브를 구성하는 수종 중
하나인 큰잎맹그로브*Bruguiera gymnorhiza*에서도 보인다(그림 6-9 오
른쪽 위). 큰잎맹그로브의 호흡뿌리는 정말 무릎처럼 생겼다.

마찬가지로 맹그로브의 구성 수종 중 하나인 붉은맹그로브
*Rhizophora stylosa*는 받침뿌리지주근支柱根라 불리는 뿌리가 중심 줄
기를 사방에서 지지하듯 자란다(그림 6-9 오른쪽 아래). 이것도 호
흡뿌리로서의 역할을 어느 정도는 하겠지만, 누가 봐도 물리적으
로 줄기를 지탱하는 모양을 하고 있다. 맹그로브는 밀물 때 물에
잠기는 하구에 퇴적된 부드러운 토양에서 자라기 때문에 이러한
불안정한 조건에서 줄기를 단단히 유지하기 위해 받침뿌리가 필
요한 게 아닐까 싶다. 붉은맹그로브의 받침뿌리는 처음에는 줄기
에서 거의 직각으로 나왔다가 완만한 곡선을 그리며 지면을 향해
뻗는다.

한편 역시 아열대 지역에서 많이 보이는 문어나무*Pandanus*

---

57 사진의 낙우송은 도쿄에 있는 신주쿠교엔新宿御苑에서 촬영한 것으로 이곳에
서는 잘 발달된 호흡뿌리를 볼 수 있다.

그림 6-10 각양각색의 뿌리②
- 문어나무의 받침뿌리
- 헤리티에라 리토랄리스의 판뿌리
  (류큐대학 가지타 다다시 박사 촬영)

*boninensis*는 줄기에서 직선으로 지면을 향해 받침뿌리가 뻗어 있다(그림 6-10 왼쪽). 일본 이름의 유래인 문어 다리 8개보다 수가 훨씬 많은 받침뿌리가 있다. 같은 받침뿌리인데도 붉은맹그로브와 문어나무의 모양이 다른 이유는 무엇일까?

곡선 모양의 받침뿌리와 직선 모양의 받침뿌리 중 어느 쪽이 어떤 환경에서 더 유리한지 판단하기란 매우 어렵다. 받침뿌리가 생기는 줄기의 높이와 그 받침뿌리가 줄기에서 어느 정도 떨어진 지점에서 땅속으로 들어가는지의 관계가 영향을 미칠 수 있다. 곡선형 받침뿌리는 낮은 위치에서 받침뿌리가 나와도 멀리 떨어진 지면까지 닿기 때문에 더 안정적일 것이다. 붉은맹그로브는

키가 작을 때도 받침대가 필요한 반면, 문어나무는 키가 커졌을 때 받침대가 필요하다고 생각하면 설명이 되는 것 같다.

받침뿌리는 나무뿐 아니라 풀에서도 볼 수 있다. 옥수수는 줄기의 지면 근처부터 뿌리를 내린다. 나무의 받침뿌리처럼 눈에 띄는 형태는 아니지만, 역시 줄기가 쓰러지지 않도록 받쳐주고 있는 것으로 보인다.

오키나와 지방의 헤리티에라 리토랄리스*Heritiera littoralis*는 높이가 20m 정도 되는 큰 나무이다. 그 밑동을 보면 주름 같은 것이 사방으로 뻗어 있다. 판뿌리판근板根라고 하는 것인데 마치 로켓의 꼬리 날개가 물결치는 듯한 모양이다(그림 6-10 오른쪽).[58] 판뿌리 역시 공기뿌리로서의 역할도 하겠지만, 구조상으로는 물리적인 지지대 역할이 큰 것 같다. 토양이 얕아서 뿌리를 깊이 내릴 수 없는 곳에서는 줄기가 쓰러지지 않게 판뿌리가 발달한다고 한다.

받침뿌리나 판뿌리는 기본적으로는 원뿌리 근처에서 나오지만, 막뿌리부정근不定根라고 해서 지면에서 멀리 떨어진 줄기 등에서 직접 뿌리가 나오기도 한다. 담쟁이덩굴, 송악의 붙임뿌리부착근附着根는 말 그대로 줄기를 벽면 등에 고정하는 역할을 한다(그림 6-11 왼쪽 위). 또 가지에서 공기뿌리가 늘어지는 식물도 있다(그림 6-11 오른쪽).

58　호흡뿌리로서의 역할을 위해서든 물리적인 지지를 위해서든, 왜 물결치는 모양이어야 하는지는 아무리 생각해도 모르겠다. 여러분도 같이 생각해 봤으면 좋겠다.

그림 6-11 각양각색의 뿌리③. 왼쪽 위부터 시계 방향으로
- 송악의 붙임뿌리   - 나뭇가지에 늘어진 공기뿌리   - 고구마의 저장뿌리

또 다른 특수화된 뿌리의 예로 저장뿌리가 있다. 가장 친숙한 식물은 고구마다(그림 6-11 왼쪽 아래). 뿌리 일부가 비대해지면서 그 안에 전분이 쌓인다. 단, 고구마처럼 비대해지지 않더라도 원래 뿌리는 어느 정도 저장 기관으로서의 역할을 한다. 겨울에 뿌리를 남기고 지상부가 시드는 숙근초宿根草는 뿌리가 특별히 비대하지 않더라도 뿌리에 영양을 저장해 겨울을 난다. 재배하는 고구마는 인간이 품종개량을 하면서 발육이 좋은 것만 골라냈기 때문에, 자연에서 자랄 때 필요한 크기보다 필요 이상으로 비대해졌을 가능성이 크다.

이렇게 생각해 보면 특수화된 뿌리도 땅속 일반적인 뿌리와 비교해 모양이 그렇게 크게 변한 것 같지는 않다. 판뿌리의 경우가 조금 특수하달까? 뿌리의 기본 기능 중 하나인 수분과 영양 흡수를 위해 필요한 형태는 호흡뿌리로서 산소를 흡수할 때와 크게 다르지 않아서 그런 것 같다. 마찬가지로 토양에 식물체를 고정하거나 영양을 저장하는 일도 뿌리의 기본 역할 중 하나이기 때문에 받침뿌리나 판뿌리에 의한 물리적인 지지도, 붙임뿌리에 의한 벽면 고정도, 저장뿌리에 의한 양분 저장도, 모두 기본적인 뿌리의 역할 속에서 생각할 수 있는 것일지도 모른다.

7장 꽃의 색깔과 모양의 다양성

1. 꽃의 보편적 특징은?

이번 장에서는 식물의 꽃 모양에 대해 생각해 보자. 식물의 생김새라고 하면 보통 꽃부터 시작하는 것이 상식이고 식물도감을 봐도 꽃 사진이 중요한 위치를 차지하고 있다.[59] 단순히 꽃이 눈에 띄어서라기보다 꽃의 모양과 색깔은 식물 종류에 따라 뚜렷하게 달라서 분류의 기준이 되기 때문이다. 즉 다양성이 풍부하기 때문에 도감 등에서 중요하게 다루는 것이다.

하지만 이 책에서처럼 생김새를 기능 관점에서 생각할 때는 본질적 기능에 의해 결정되는 보편성이 중요해진다. 오히려 생김새가 너무 다양하면 그것 때문에 보편성이 가려지기 쉽다. 그런 어려움도 있어 이 책에서는 말 그대로 화려한 주인공인 꽃은 뒤로 미루고 덜 화려한 잎과 줄기, 뿌리를 먼저 다루었다.

그렇다면 다양한 식물 종류만큼이나 다양한 꽃들이 가진 보편적 특징은 무엇일까?

꽃잎의 모양과 색깔은 식물마다 제각각이지만, 꽃잎이 있다

---

59 중학교 1학년 첫 과학 시간에는 보통 꽃에 대해서 배운다. 동물 전문가인 한 선생님은 "생식 기관은 비밀스러운 부분인데 왜 식물은 가장 먼저 생식 기관을 다루지?"라고 말했다. 일본 전통 가무극 노能의 완성자인 예능인 제아미世阿弥는 "숨기면 꽃이 된다"라고 했는데 애초에 꽃이라면 숨길 필요가 없을지도 모른다.

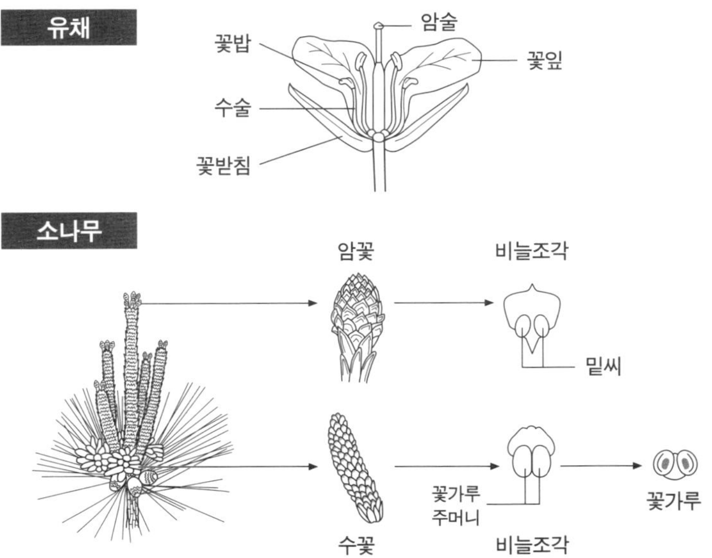

그림 7-1 속씨식물과 겉씨식물의 꽃

는 것 자체는 많은 식물의 공통점이다. 아름다운 꽃이 피는 식물 대부분(이들은 주로 속씨식물로 불리는 무리다)에는 꽃잎과 꽃받침, 암술, 수술이 있다. 암술 아래쪽 안에는 머잖아 씨앗이 될 밑씨가 있고 수술 끝에는 꽃가루가 들어 있는 주머니인 꽃밥이 있다(그림 7-1 위).

한편 소나무나 삼나무처럼 겉씨식물이라 불리는 무리의 꽃에는 애초에 꽃잎이 없다. 아니 정확히 말하면 겉씨식물의 꽃은 일반적인 이미지의 꽃과 상당히 다르다. 소나무를 예로 들면, 가지 끝에 달린 솔방울 축소판처럼 생긴 것이 꽃인데, 가지 끝에 달린 암꽃과 그보다 약간 아래쪽에 달린 수꽃 두 종류가 있다. 암꽃은 밑씨가 달린 비늘조각인편鱗片이 겹겹이 쌓인 모양이며, 수꽃은 꽃가루가 담긴 주머니(꽃가루주머니)가 달린 비늘조각이 겹겹이 쌓인 구조로 이루어져 있다(그림 7-1 아래).

이렇게 설명은 했지만, 필자는 이러한 복잡한 설명이 어려워 중고등학생 시절에 생물보다 물리나 화학을 더 좋아했다.[60] 그러니 어떻게든 좀 더 간단하게 생각해 보자.

보편성을 생각한다면 앞의 설명 중 중요한 부분은 밑씨와 꽃가루 두 가지뿐이다. 속씨식물과 겉씨식물의 공통점은 밑씨와 꽃가루 두 가지이므로 꽃의 본질적인 기능은 이 두 가지에서 찾을 수 있다. 나머지 기관 중 꽃잎은 주변에서 흔히 보이는 속씨식물에서 보편적으로 볼 수 있다.[61] 즉 꽃잎은 어떤 이유에서인지 속씨식물 꽃에서는 본질적이라고 추측할 수 있다.

그래서 우선 속씨식물과 겉씨식물에 공통으로 존재하는 밑씨와 꽃가루의 역할을 생각해 보기로 하자. 물론 이것이야말로 중고등학교에서 배우는 내용이므로 여러분도 잘 알고 있을 터다. 꽃가루가 밑씨에 도달하면 씨앗이 생긴다. "그렇게 복잡하게 설명하지 않아도 꽃이 피면 열매가 열리는 것 정도는 초등학생도

---

60   물리는 당연하고 화학도 설명이 복잡하지 않냐는 지적도 있다. 분명 물리나 수학에 비하면 화학은 개별론이 많아 생물과 크게 다르지 않을 수도 있다. 이 부분은 개인의 호불호 문제일지 모르겠다.

61   역으로 꽃잎이 있으니 주변에서 눈에 잘 띈다고 생각할 수 있다.

알아"라고 외치는 독자의 분노에 찬 목소리가 들리는 듯하지만, '꽃의 역할은 씨앗을 만드는 것'임을 여기서 강조하려는 것이 아니다. 이 사실을 '모양의 보편성'에서 생각할 수 있다는 점이다.

그리고 한 가지 더 생각해야 할 게 있다. 꽃가루가 밑씨에 도달하는 것이 중요하다면, 보통은 꽃가루를 밑씨 옆에 만들면 된다. 그러나 속씨식물은 꽃가루는 수술에, 밑씨는 암술에 각각 다른 장소에 배치했다. 겉씨식물인 소나무 역시 꽃가루는 수꽃에, 밑씨는 암꽃에 두는 식으로 다른 곳에 놓았다. 즉 보편성은 사물에만 있는 것이 아니라 사물의 배치에서도 확인된다. 보편성이 보이는 이상 거기에는 어떤 본질적인 기능이 숨겨져 있는 게 분명하다. 왜 꽃가루와 밑씨를 분리해서 배치했을까?

꽃가루와 밑씨를 분리해 배치한 이상, 꽃가루가 그대로 밑씨에 전달되지 않도록 '의도적으로' 배치했다고 볼 수 있다. 의도적으로 배치한 이유는, 꽃가루가 어떤 변화를 겪은 후에 밑씨에 도달해야 하거나, 아니면 다른 꽃의 꽃가루가 밑씨에 도달하기를 기대하기 때문이지 않을까 싶다. 물론 꽃가루가 변화를 겪을 가능성도 배제할 수는 없지만, 곤충 등이 꽃가루를 운반하는 사례는 모두가 잘 아는 사실인 만큼, 같은 꽃이 아닌 다른 꽃의 꽃가루가 밑씨에 전달되기를 기다린다고 생각해도 무방할 것이다. 왜 다른 꽃의 꽃가루가 필요한지는 이번 장 4절에서 생각해 보자.

2. 꽃가루 운반과 꽃가루의 형태

이쪽 꽃의 꽃가루가 저쪽 꽃의 밑씨에 도달하려면 무언가 운송 수단이 필요하다. 그리고 대개 그 운송 수단이 꽃 모양을 결정한다. 많은 속씨식물이 눈에 확 들어오는 모양의 꽃을 피우는 데 반해, 겉씨식물인 소나무와 삼나무의 꽃은 눈에 잘 띄지 않는다. 왜 그럴까?

소나무나 삼나무 꽃가루가 바람을 타고 퍼진다는 사실은 삼나무 꽃가루 알레르기만 봐도 잘 알 수 있다. 시선을 사로잡을 정도로 꽃이 예뻐도 세찬 바람 앞에서는 아무 소용없기에 기본적으로 바람이 꽃가루를 운반하는 풍매화의 꽃은 대부분 눈에 잘 띄지 않는다. 속씨식물에도 풍매화는 많다. 예를 들면 벼과 식물의 꽃은 대체로 수수하고 대부분 풍매화다.[62] 그림 7-2는 큰참새피의 꽃인데 꽃이라기보다 마치 열매 같다. 그래도 검은빛의 암술과 수술이 밖으로 나와 있는 게 보인다.

한편 꽃이 아름다우면 거의 충매화다. 모두 잘 알다시피 꿀을 먹으려고 모여드는 곤충이 꽃가루를 옮긴다. 하지만 동백나무

---

[62] 이 의미에서는 일본인에게 친숙한 벼 자체도 꽃은 수수하다. 아니 '어느 게 벼꽃이야?'라고 생각하는 사람도 있을 수 있다. 벼꽃 역시 큰참새피와 마찬가지로 열매인 벼와 거의 구별이 안 된다.

그림 7-2 큰참새피(벼과)의 꽃

그림 7-3 동백나무의 꽃

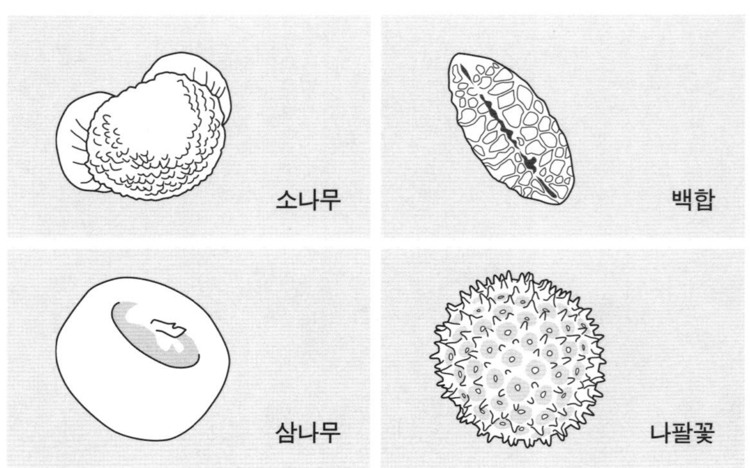

그림 7-4 모양이 다양한 꽃가루

처럼 겨울에 피는 꽃은 곤충이 얼마나 몰려들지 걱정이다(그림 7-3). 그런데 다행스럽게도 동백나무는 조매화라서 동박새 등이 꿀을 빨러 왔다가 얼굴에 노란 꽃가루를 묻혀 가는 모습을 종종 볼 수 있다. 새라면 겨울에도 늘 그곳에 있다. 열대 지방에서는 벌새가 꽃가루를 옮겨주는 모습이 자세히 연구된 적도 있는 등 조매화도 결코 드물지 않다.

꽃가루를 퍼뜨리는 방법에는 수매화가 있다. 생소할지 모르겠는데, 식물체 전체가 물속에 잠긴 수초에서 흔히 보이는 꽃가루 운송법이다. 풍매화처럼 꽃가루가 물속을 떠다니는 경우(수중수분)와, 꽃가루 또는 꽃가루가 든 수꽃이 수면을 이동하는 경우(수면수분)가 있다.

144

꽃가루는 퍼뜨리는 방법뿐 아니라 꽃가루 자체의 형태도 다양하다. 꽃가루는 작아서 육안으로는 그냥 가루처럼 보이지만, 현미경 등으로 보면 식물 종류에 따라 천차만별이다(그림 7-4). 이 형태 차이를 이용해 고대 유적 등에 남겨진 꽃가루만으로 고대인이 이용했던 식물의 종류를 알아맞힐 수 있을 정도다.

이러한 다양성은 각 식물이 자라는 환경을 반영한다. 실제로 풍매와 충매, 수중수분, 수면수분 등 꽃가루 이동 방법에 따라 그룹을 나누면 각 그룹의 꽃가루 형태에 어느 정도 공통점이 보인다. 그룹별로 꽃가루마다 어떤 특징이 있는지 상상이 되는가?

이를테면 풍매화의 꽃가루는 표면이 매끄럽고 보슬보슬한데, 특히 소나무과 식물의 꽃가루 등에는 공기주머니가 달려 있어 금방이라도 바람에 날아갈 것 같다.[63] 한편 충매화의 꽃가루는 울퉁불퉁하고 끈적끈적하다. 곤충에 잘 달라붙어야 한다는 점을 생각하면 납득이 간다. 이에 반해 수중수분화의 꽃가루는 바깥쪽에 막(외막)이 없는 것이 많다는 보고가 있다. 외막이 꽃가루를 건조 등으로부터 보호하기 위한 것이라고 생각하면, 수중수분 식물의 꽃가루에 외막이 없는 이유가 잘 설명된다. 마지막으로 수면수분화의 꽃가루인데, 이 꽃가루의 표면에는 미세한 돌기가 많다.

63 그렇지만 이 공기주머니는 오히려 꽃가루받이 때 중요한 역할을 한다는 설도 있다.

아마도 이 돌기 사이에 공기가 들어가 물에 뜨는 것으로 보인다.

각 식물의 꽃가루는 이처럼 미세하게 형태를 변화시켜 각자의 환경에 적합한 방식으로 꽃가루를 방출하고 있다.

3. 곤충과의 상호 진화

꽃의 모양으로 돌아가 보자. 꽃의 보편성이 꽃가루와 밑씨에 있다면, 속씨식물 꽃의 다양성은 역시 꽃잎에 있다. 그리고 이 다양성이 특히 충매화에서 두드러진다면 그 배경에 곤충과의 관계가 숨어 있으리라 짐작할 수 있다. 식물은 꿀을 제공하고 그 대가로 곤충은 꽃가루를 운반한다. 이것이 식물과 곤충의 기본적인 공생 관계다. 이전 장에서는 식물과 뿌리혹박테리아의 공생 관계를 살펴보았다. 둘 사이의 공생이 이뤄질 땐 엄격한 보안시스템이 존재해 일방적인 무임승차를 막았다. 비슷한 무임승차의 위험성은 식물과 곤충 사이에도 존재한다.

예를 들어 꿀로 곤충을 유인해 곤충이 꽃에 얼굴을 들이밀면 그때 꽃가루가 달라붙어 꽃가루를 옮기는 꽃이 있다고 하자. 그런데 만약 꽃에 얼굴을 넣지 않고 가늘고 긴 주둥이를 뻗어 꿀만 빨아 먹는 곤충이 나타나면 이 곤충은 꿀만 냉큼 가져가 버릴지도 모른다. 그래서 꽃을 깊은 통 모양으로 만들어 주둥이가 길더라도 얼굴을 집어넣어야 꿀을 빨 수 있게 하면 식물은 무임승차

곤충을 배제할 수 있다.[64]

그런데 그럼 이번에는 곤충이 주둥이를 더 길게 늘려서 대항하지 않을까? 이렇게 네가 하면 나도 한다는 식의 일종의 군비 확장 경쟁이 일어나면 꽃 모양(과 곤충의 생김새)은 점점 특수화된다. 이와는 반대로 꽃가루를 매우 효율적으로 운반해 주는 곤충의 주둥이가 길면, 이 곤충을 다른 곤충보다 먼저 꽃으로 불러들이려고 꽃을 깊은 통 모양으로 만드는 경우도 있을 수 있다.

특정 성질을 가진 곤충을 배제하기 위해서든, 특정 성질을 가진 곤충만 끌어들이기 위해서든, 꽃 모양은 곤충 형태와 함께 특수화될 것이다. 여러 종류의 많은 곤충을 불러들여 꽃가루를 운반시켜야 유리하다면 특수화는 어느 정도 범위 안에서 끝나겠지만, 어느 한계를 넘으면 특정 곤충이 특정 식물에서만 꿀을 빨아 먹는 상황이 벌어질 수도 있다. 그렇게 되면 뿌리혹박테리아와 식물 간 공생 때처럼 식물과 곤충 사이에도 일대일 관계가 성립한다. 그리고 결국에는 생김새가 살아가는 데 부담이 되기 직전까지 특수화될 수도 있다.

곤충 종류가 얼마나 다양한지를 생각하면, 식물과 곤충이 함께 진화하는 상호 진화를 통해 꽃 모양도 다양해지리라고 쉽게

64　변이가 일어나 꽃이 깊은 통 모양인 식물이 생기면, 그렇지 않은 식물에 비해 무임승차를 피할 수 있으므로 더 많은 후손을 남길 수 있다. 결과적으로 통 모양 꽃이 달린 식물이 많아진다. 다소 의인화된 표현이 되어서 혹시나 하는 마음에 짚고 넘어간다.

상상할 수 있다. 꽃 모양의 다양성은 곤충의 다양성을 반영하고 있다고 해도 과언이 아니다.

꽃은 모양뿐 아니라 색깔도 다양하다. 사실 꽃 색깔 역시 무엇이 꽃가루를 운반하는가와 밀접하게 얽혀 있다.

풍매화는 잎이나 줄기와 비슷한 녹색을 띠는 것이 많다. 시각적으로 특별히 눈에 띌 필요가 없기도 하고 엽록소를 가지고 있으면 꽃 상태에서도 조금은 광합성을 해서 열매를 만드는 재료인 유기물을 만들 수 있다. 실제로 벼 이삭 안의 꽃술을 감싸는 포엽은 꽃의 일부이면서 그곳에서 이루어지는 광합성이 어느 정도 벼가 열매를 맺는 데 영향을 준다는 연구 결과도 있다.

한편 동물이 꽃가루를 운반하는 경우는 동물 종류에 따라 시각도 다르기 때문에 이 점이 꽃 색깔에 반영된다. 예를 들어 붉은 하늘타리처럼 밤에 피는 꽃은 흰색이 많다. 이는 꽃가루를 운반하는 야행성 박각시나방 등이 어둠 속에서 명암 차이로 꽃을 찾아내기 때문이다. 또 새가 꽃가루를 운반하는 식물에 피는 꽃 중에는 붉은색이 많다고 하는데, 이것도 새의 시각에 근거해 설명할 수 있다.

주의해야 할 점은 인간의 시각과 동물의 시각은 크게 다르다는 점이다. 특히 인간은 자외선 영역을 볼 수 없지만, 벌 같은 곤충은 자외선을 주요 정보원으로 사용한다고 밝혀졌다.[65] 따라서 인간이 생각하는 꽃 색깔을 곤충도 느낀다고 생각하고 꽃 색깔을 해석한다면 매우 위험하다.

또 꽃 색소 대부분은 너무 강한 빛이나 자외선 때문에 세포 속 성분이 손상되지 않도록 막는 작용을 한다. 곤충과의 상호 진화뿐 아니라 이러한 물질로서의 특성도 필요할 수 있다는 사실을 함께 생각해야 한다.

4. 유전적 다양성의 필요성

여기서 꽃이 피는 의미를 다시 한번 생각해 보자. 한 식물의 꽃가루가 다른 개체의 밑씨에 도달하면, 다른 식물에서 온 유전 정보가 하나의 씨앗에서 섞인다. 그러면 꽃가루와 밑씨 모두가 같은 개체에서 비롯됐을 때보다 유전 정보의 다양성은 커지리라 기대된다. 단순히 같은 개체 안에서 씨앗을 만들고 끝이라면, 굳이 꽃을 피워 곤충을 불러들일 필요가 없다.

그렇다면 유전 정보가 다양하면 뭐가 좋을까? 흔히 듣는 설

---

65 벌도 인간과 마찬가지로 세 가지 종류의 시물질(시세포에 있는 단백질)로 빛의 색을 인식하는데, 인간과 달리 그 안에 자외선을 감지하는 시물질이 있다. 한편 대부분의 새나 물고기의 시물질은 네 가지다.

명으로, 환경이 바뀌어 특정 생물이 생존 불가능할 정도로 위험에 노출됐을 때도 개체가 다양하면 그중 일정 비율은 살아남을 수 있다는 논리가 있다. 얼핏 그럴듯하게 들리지만, 잘 생각해 보면 의외로 어려울 일이라는 걸 알 수 있다.

수백 년에 한 번꼴로 찾아오는 환경 대격변이라면, 개별 생물이 그 대격변을 경험했을 기회는 거의 없다. 대격변에 유리한 개체가 있다고 한들, 이는 대격변이 일어나지 않는 조건에서는 그 유리함이 대부분 불리함이 된다. 예컨대 온도가 상승해도 살아남을 수 있는 생물은 온도가 상승하기 전 세계에서는 계속 둔한 상태로 있어야 할 테니 말이다. 이러한 개체는 바로 후손을 남기지 못하고 개체 수가 감소하고 말 것이다. 결국 다양한 개체 가운데 대격변을 견디고 살아남을 수 있는 개체가 미리 준비되어 있으리라고 크게 기대하긴 힘들다.

그렇다면 자주 일어나는 환경 변화는 어떨까? 예를 들어, 적어도 일본에서는 맑은 날이 계속 이어지다가도 얼마 지나지 않아 비가 내린다. 당연히 맑은 날에만 살 수 있는 개체, 비가 올 때만 살 수 있는 개체는 둘 다 죽고 만다. 살아남는 개체는 두 환경 모두에서 살 수 있는 개체가 될 테니 이 경우에는 애초에 다양성이 생기지 않는다.

그렇다면 다양성이 유리하게 작용하는 때는 어떤 상황일까? 그 대표적인 예가 병의 원인이 되는 병원체와의 싸움이다. 독감 유행을 생각하면 알 수 있는데, 병원체는 인간이 힘써 예방접종을 발달시켜도 스스로를 변화해 그 방어망을 뚫고 감염시킨다.[66] 감염되지 않으려면 감염되는 쪽도 변해야 하는데, 세균은 그렇다 치더라도 동식물처럼 한 세대가 길어지면 그렇게 금방 변할 수 없다. 그래서 해당 종이 미리 다양성을 가지고 있으면 다수가 감염되더라도 일부는 다른 특징을 가지고 있어 살아남을지도 모른다. 치명적인 감염이 발생했을 때 해당 종이 멸종하지 않으려면 다양성이 필요하다.

이것이 아까 설명한 '잦은 환경 변화'와 다른 점은, 병원체에 대한 방어는 끝이 없다는 점이다. 다양성이 있어서 일부 개체가 어떤 병원체에 대해 살아남았다 하더라도, 언젠가는 그 병원체가 변이해 살아남은 개체를 감염시킬 수 있다. 이러한 사태를 피하기 위해서는 살아남은 개체들 사이에서 다시 다양성을 확보해야 한다. 생물 간 경쟁이 있을 때는 항상 다양성을 유지해야 하는 것이다.

그리고 다양성을 유지하기 위해서는 똑같은 개체의 꽃가루와 밑씨가 만나는 것이 아니라, 다른 개체에서 온 꽃가루를 밑씨에 전달해 유전적 다양성을 높여야 한다.

---

[66] 독감 백신은 2022년 기준, 네 가지 유형에 대응할 수 있어 감염 방어율은 상당히 높아졌지만, 그래도 완전히 새로운 유형이 출현하면 속수무책이다. 신종 독감이 무서운 이유다.

5. 다양성의 비용

다양성 유지를 위해서는 다른 개체에서 온 꽃가루와 밑씨가 만나
야 하므로 후손을 남기기 위해서는 적어도 두 개체가 필요하다.
게다가 꽃가루가 밑씨에 도달한다는 보장이 있는 것도 아니다.
다양성은 공짜로 유지되는 것이 아니라 그에 상응하는 비용이 든
다. 물론 다양성을 포기하고 비용을 절감하는 전략도 있을 수 있
다. 이럴 때는 어떤 전략이 있을까?

한 가지 전략은 꽃 한 송이로 씨앗을 만드는 자가수분이다.
같은 꽃 안에서 꽃가루를 전달하면 전달되지 않을 가능성이 줄어
든다. 예를 들어 닭의장풀이나 분꽃은 서로 다른 개체 간에 꽃가
루를 주고받는 타가수분도 가능하지만, 만약 다른 개체에서 꽃가
루가 오지 않으면 꽃이 시들기 전에 자기 꽃가루로 자가수분을
한다고 알려져 있다. 또 서양민들레처럼 애초에 꽃가루가 없어도
씨앗을 만들 수 있는 식물도 있다.

제비꽃은 한 개체에 타가수분하는 꽃과 자가수분하는 꽃이
모두 달린다. 닭의장풀이나 서양민들레는 그래도 꽃다운 꽃을 피
우지만, 제비꽃의 자가수분용 꽃은 '폐쇄화閉鎖花'라고 해서 애초
에 꽃이 피는 느낌이 아니라 작은 꽃봉오리처럼 보이는 상태에서
그대로 씨앗을 맺는다. 생각해 보면 꽃은 꽃가루를 나르는 곤충

그림 7-5 잎에서 싹을 내서
증식하는 영양번식(칼랑코에속)

이나 새 등을 불러들이기 위해 있는 것이니, 자가수분만 한다면 꽃다운 꽃을 피우지 않아도 된다. 비용 절감을 위해서라면 겉모습을 신경 쓰지 않는 폐쇄화로도 충분하다.

또 다른 전략은 처음부터 씨앗을 사용하지 않고 자기 신체 일부를 새로운 개체로 만드는 것이다(그림 7-5). 예를 들어 딸기는 '러너'라는, 옆으로 땅을 기는 줄기를 뻗고 그 끝에 새로운 개체를 만든다. 접란도 비슷한 방식으로 번식한다. 구근으로 증식하거나 포기가 갈라지는 식물도 마찬가지이며 이러한 방법을 '영양번식'이라고 한다.

영양번식으로 증식한 식물은 유전적으로 동일한 클론clone이며, 다양성이 없는 대신 효율적인 번식이 가능하다. 영양번식은 꽃이 필요 없으므로 여기서는 더 이상 다루지 않겠다.

씨앗을 만드는 데 다양성을 중시한 타가수분이 좋을지, 효율을 중시한 자가수분이 좋을지는 일장일단이 있다. 제비꽃처럼 한 개체에서 두 방법 모두를 하는 식물이 있다는 점은 어느 한 방법이 일방적으로 우월하지 않음을 보여준다. 택지 개발 등으로 식물이 자라지 않는 곳이 있다면 그곳에는 자가수분 식물이 더 효율적으로 진출할 수 있다. 한편 식물 개체 수가 거의 포화 상태에 이르러 일정 수가 유지되고 있는 곳에서는 개체 수를 늘리기보다 다양성을 유지해 병원균 등에 대비하는 편이 유리할 수 있다. 여기서도 환경의 다양성이 식물의 다양성을 만들어내고 있는 셈이다.

칼럼 : 국화과 꽃의 두 가지 모양

보통 사람들은 민들레꽃을 보면 한 송이의 꽃으로 인식하지만, 식물 형태 전문가가 보기에 그것은 꽃의 집합체다(그림 7-6). 꽃잎처럼 보이는 하나하나가 꽃이어서 열매도 많이 맺는다. 날아간 솜털 하나하나에 매달린 작은 알맹이가 열매이므로 그 수에 해당하는 만큼의 꽃이, 한 송이라고 생각했던 꽃 속에 가득 차 있었음을 알 수 있다.

국화과 꽃에는 이렇게 작은 꽃이 여럿 모인 구조로 이루어진

그림 7-6 수많은 혀꽃으로 이뤄진 민들레꽃　　**그림 7-7** 혀꽃과 대롱꽃으로 이뤄진
거베라꽃

종이 많다.[67] 민들레는 꽃 하나하나의 모양이 대체로 비슷하지만, 거베라 등은 그렇지 않다. 꽃 가장자리에 혀꽃설상화舌狀花이라 불리는 꽃잎처럼 보이는 꽃이 쭉 늘어서 있고, 중앙에는 대롱꽃관상화管狀花이라 불리는 눈에 잘 띄지 않는 작은 꽃이 모여 있다(그림 7-7). 가장자리에 있는 혀꽃이 일반 꽃의 꽃잎 역할을 한다. 곤충 유인은 눈에 잘 띄는 바깥쪽 혀꽃 한 줄만으로도 충분해서 안쪽 대롱꽃에는 눈에 띄는 부분을 생략한 것으로 보인다.[68]

거베라의 꽃봉오리가 아직 작을 때는 내부를 분해해도 혀꽃

67　아들이 아직 어렸을 때 해바라기를 가리키며 '민들레'라고 하길래 한 식물학자 선생님께 이 이야기를 했더니 "국화과 식물의 특징을 잘 파악하고 있는 걸 보니 분류학 센스가 있군요"라고 말씀하셨다. '좋은 교육자는 타인을 칭찬하는 것부터 시작하는구나' 하고 감탄한 적이 있다.

68　이 말인즉슨, 곤충은 멀리서는 시각에 의존해 꽃을 발견하지만, 일단 꽃에 도착하면 이번에는 다른 감각을 사용해 꿀을 찾는다는 이야기다.

과 대롱꽃의 구별이 어렵다. 처음에는 같은 꽃눈에서 출발해 꽃이 만들어지는 과정에서 혀꽃과 대롱꽃의 역할 나눔이 생긴다. 그러나 식물은 뇌를 가진 동물과 달리 전체를 인식하는 중앙지휘실 같은 부위가 없기 때문에, 각각의 꽃은 스스로가 자신의 운명을 결정해야 한다. 그렇다면 꽃 각자는 자신이 혀꽃이 되면 좋을지 또는 대롱꽃이 되면 좋을지 어떻게 판단할까?

이것을 알아보기 위한 재미있는 실험이 있다. 거베라의 꽃봉오리가 아주 작을 때, 꽃봉오리 일부에 면도칼로 작은 칼집을 낸다. 그러면 꽃이 피었을 때 가장 바깥쪽뿐 아니라 칼집을 낸 주변에도 혀꽃이 핀다. 즉 꽃 각자는 주위가 다른 꽃으로 둘러싸여 있으면 자기가 중앙에 있다고 판단해 대롱꽃이 되고 한쪽만 꽃과 접하고 있으면 가장자리에 있다고 판단해 혀꽃이 되는 것이다. 낱낱의 거베라꽃은 주변 거베라꽃 정보를 통해 자신의 위치를 '감지'한다는 뜻이다.

8장 열매 모양은 무엇으로 결정될까?

1. 식물의 이동[69]

식물은 뿌리로 지면에 고정되어 있어서 기본적으로는 절대 이동할 수 없다. 그래서 만약 지금 자라는 곳의 환경이 바뀌어 생육에 적합하지 않게 되면 모두 죽고 만다. 따라서 식물은 어떤 식으로든 항상 생육 범위를 넓히기 위해 노력해야 한다. 식물의 일부가 이동하는 예로는, 앞 장에서 다룬 꽃가루가 있다. 꽃가루는 바람이나 곤충 등에 의해 운반되는데 이때의 전제는 운반되는 곳에도 같은 식물이 자라고 있어야 한다는 것이다. 따라서 꽃가루가 이동한다고 해서 식물의 생육 범위가 넓어지지는 않는다.

이 밖에도 역시 앞 장에서 소개한 딸기 러너가 있다. 딸기 러너는 줄기를 옆으로 뻗어 줄기 끝에 새로운 식물체를 만드는 식으로 생육 범위를 조금씩 넓힌다(그림 8-1). 굳이 러너를 늘리지 않더라도 숙근초처럼 조금씩 개체 크기를 키우기만 해도 아주 천천히 생육 범위가 넓어진다. 다만 이러한 이동은 아무래도 속도가 느리다. 아무리 노력해도 1년에 1m 정도나 될까? 시속으로 환산하면 0.1mm 정도다.

그렇다면 식물이 이동을 감행할 때는 구체적으로 어떤 경우일까?

---

[69] '열매 모양은 무엇으로 결정될까?'라는 제목의 장인데 1절 소제목이 '식물의 이동'이라서 의아하게 느끼는 사람도 있을 수 있다. 그러나 여기까지 이 책을 읽었다면 필자의 이야기가 자꾸 딴 길로 새는 데 익숙해졌으리라.

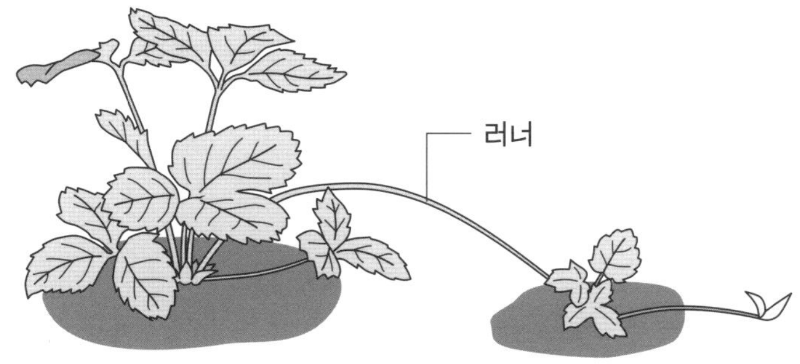

그림 8-1 러너를 뻗는 방식의 이동

바로 떠오르는 건 소위 선구자 식물이다. 도시에서 건물이 헐려서 빈터가 생기면 가장 먼저 들어오는 식물이다. 이런 장소에 맨 처음 자라는 식물은 강한 햇빛을 좋아하고 성장이 빠른 식물이다. 그러나 이후 속도는 느려도 착실히 성장하는 다른 식물이 들어오면 선구자 식물은 경쟁에 밀려 점점 자취를 감춘다. 자취를 감춘다고 아예 없어지는 것은 아니다. 이번에는 다른 빈터를 찾아 거기서 생육한다. 그리고 다른 빈터를 찾기 위해서는 어떤 식으로든 이동해야 한다.

도시의 빈터에서 빈터로의 이동뿐 아니라 자연계에서도 이러한 변화가 일어난다. 예를 들면 화산이 분화해 온통 용암으로 뒤덮인 상황을 생각해 보자. 그때까지 자라고 있던 식물은 모두 불에 타버리고 만다. 그래도 시간이 지나면 굳어진 용암 위로 식물이 자라기 시작한다. 그러나 이 경우는 도시 빈터로 나아갈 때와는 달리 몇 가지 문제를 뛰어넘어야 한다. 식물을 찾아보기 힘들다는 점에서는 비슷한, 도시 속 빈터와 용암 위는 어떤 차이가 있을까?

☙

첫째, 용암은 흙과 달리 날씨가 좋으면 금세 바싹 말라버리기 때문에 거기서는 뿌리를 내리기가 힘들다. 둘째, 영양분도 거의 없다. 흙은 바위가 풍화된 것과 식물이 분해된 것으로 이루어져 있다. 바위가 풍화하는 데는 시간이 걸리고, 처음에는 용암 위에 식물이 존재하지 않기 때문에 용암 위에 흙이 생기기까지 엄청난 시간이 걸린다.[70]

그리고 마지막 문제로 씨앗의 이동이 있다. 도시 빈터는 텅 비어 있긴 해도 흙 속에 씨앗이 잠들어 있는 경우가 대부분이지만, 용암의 경우는 씨앗이 불타 사라진 상태다. 어떤 형태로든 외부에서 씨앗이 날아오지 않는 한 이야기가 시작되지 않는다. 여기서도 씨앗은 이동 능력이 필수다.

좀 더 규모가 큰 이동도 있다. 예를 들면 일본 중부 고산지대에 사는 뇌조를 생각해 보자(그림 8-2). 뇌조는 빙하기에 기후가 급격히 추워졌을 때 북쪽에서 일본으로 이동해 왔다고 여겨진다.

---

[70] 흙은 그리스철학에서 엠페도클레스가 주장한 4원소설의 원소 중 하나인데 '토양'이라는 의미로 본다면 여타 물질이 분해되며 생긴 혼합물이다.

그림 8-2
높은 산에 남은 뇌조

그 후 기후가 온화해지자 이번에는 점차 고도가 높은, 즉 기온이 더 낮은 곳으로 이동한 것으로 보인다. 결과적으로 한때는 꽤 넓은 범위에서 살던 뇌조도 현재는 고산지대 산 정상 부근에 고립된 채 서식하고 있다.

비슷한 방식의 서식지 변화는 뇌조뿐 아니라 식물에도 일어났을 것이다. 식물의 경우는 동물에 비해 이동 수단과 속도에 한계가 있어서 기후 변동의 영향이 더 혹독했으리라. 현재 고산지대 산 정상 부근에서 볼 수 있는 고산식물에는 이러한 빙하기의 흔적이 많이 남아 있다. 이 식물들은 기후 변동에 따라 천천히 이동하며 분포 지역을 바꿔왔다(그림 8-3).

그림 8-3 높은 산에서 볼 수 있는 식물. 왼쪽 위부터 시계 방향으로 진구루마(*Sieversia pentapetala*), 장백제비꽃, 일본바위별꽃(*Stellaria nipponica*), 일본망아지풀(*Dicentra peregrina*)

2. 씨앗은 왜 딱딱할까?

선구자 식물이 새로운 생육지를 찾기 위해서는 이동 말고도 또 한 가지 중요한 것이 있다. 씨앗이 여러 곳으로 퍼졌다고 해도 도달한 곳이 때마침 빈터이고 게다가 생육에 적합한 곳일 가능성은 희박하다. 그렇다고 포기하기엔 너무 이르다. 그곳에서 기다리면 혹시 위에서 자라던 식물이 뽑히거나 쓰러질 수도 있기 때문이다. 대부분의 경우, 생육에 알맞은 상황이 될 때까지 때에 따라서는 꽤 긴 시간을 참고 견뎌야 한다. 그 견디는 방법 중 하나가 씨 앗이다. 씨앗 상태로라면 필요에 따라 몇 년 동안도 흙 속에서 휴면 상태로 살아갈 수 있다. 그곳이 빈터로 변해 강한 햇볕이 내리 쬘 때 발아하면 되니 말이다.

여기서 다시 한번 생물의 보편성과 다양성을 떠올려 보자. 씨앗의 모양은 다양하지만, 많은 씨앗에 공통적인 특징이 하나 있다. 바로 '딱딱함'이다. 가령 열매는 부드러워도 그 안에 든 씨 앗은 대부분 딱딱하다. 부드럽고 흐물흐물한 씨앗은 좀처럼 없 다.[71] 그렇다면 그 딱딱함의 보편성에는 분명 어떤 기능적 제약이 반영되어 있을 것이다. 왜 씨앗은 대부분 딱딱할까?

휴면을 위한 장치라는 점이 하나의 답이 될 것이다. 휴면은 동물로 말하자면 단순한 수면이 아니라 동면에 가깝다. 세포 내 활동을 생존을 위한 최소한의 수준으로 낮추고 시간을 보낸다. 이동이 공간적인 움직임이라면 휴면은 시간적인 움직임에 가깝 다. 휴면하는 동안 썩거나 동물에게 먹히면 아무 소용이 없으니 최대한 단단하게 만들어야 한다. 씨앗 대부분이 딱딱한 이유 중

---

[71] 하지만 모든 일에는 예외가 있다. 식물 종류에 따라서는 씨앗이 부드러운 것 도 있다. 이런 씨앗은 바로 발아하지 못하면 대부분 말라버린다. 이 역시 씨 앗의 딱딱함과 바로 뒤에서 설명할 휴면의 필요성의 관계를 나타낸다고 봐도 좋을 것이다.

하나가 바로 여기에 있다.

또 다른 이유로는 방호벽으로서의 역할을 생각해 볼 수 있다. 씨앗은 세포 내 활동을 최소한으로 억제하기 위해 내부를 비교적 '건조하게' 만들어 놓았다. 물론 수분이 전혀 없지는 않으나 다른 식물 조직에 비해 수분 함유량이 매우 적다. 수분을 적게 유지함으로써 세포 안에서 쓸데없는 활동이 일어나지 않도록 억제하는 것이다. 그러나 씨앗 주변은 보통 축축한 흙이기 때문에 그 수분이 씨앗 속으로 들어오지 못하도록 막아야 한다. 씨앗의 딱딱한 씨껍질은 물에 대한 보호막 역할도 한다.

또 새 등에게 먹혀 소화관을 통해 씨앗이 퍼지는 유형의 씨앗은 소화관에서 소화되어 버리면 의미가 없다. 소화되지 않기 위한 방호벽 역할을 해야 해서 껍질이 딱딱하다고 생각할 수 있다.

그러나 방호벽이 너무 단단해도 문제가 될 수 있다.[72] 씨앗도 살아 있는 이상, 세포 내에서 최소한의 반응은 일어나고 있고, 그 반응을 유지하기 위한 에너지는 호흡을 통해 만들어야 한다. 호흡을 위해서는 산소가 필요한데 산소는 껍질을 통해 외부에서 흡수해야 한다. 껍질이 너무 단단하면 질식할 것 같지만, 휴면 상태의 씨앗은 잎 등 다른 조직에 비해 필요한 산소량이 매우 적기 때

[72] 발아를 할 때는 어떤 형태로든 씨앗 안에 물이 들어가야 한다. 나팔꽃 씨앗을 뿌릴 때 씨앗 표면을 콘크리트에 문질러 상처를 내면 고르게 발아하는데, 씨앗에 물이 들어가도록 사람이 도와준 결과다. 단, 발아가 균일하지 않은 것도 다양성의 일종이며 자연계에서는 결코 단점이 아니라는 점을 기억해야 한다.

문에 딱딱한 껍질을 통해 들어오는 양만으로도 충분할 듯하다.

물과 산소, 적당한 온도는 씨앗의 발아 조건으로 어느 식물에나 필요하다. 한편 일부 식물은 발아에 필요한 조건이 따로 있다. 양상추 등은 일정량의 빛을 받아야 발아한다. 발아 후에는 광합성으로 살아야 한다는 점을 고려하면 당연한 일이다. 광합성에 문제없는 조건일 때만 발아하는 광발아종자의 전략은 명확하다. 그러나 무 등은 반대로 빛이 있으면 발아하지 않는다.[73] 어두운 곳에서만 발아한다. 왜 이러한 일이 발생할까?

식물에게 빛이 없는 조건이 무엇을 의미하는지 생각해 보면 단서를 찾을 수 있다. 씨앗 주위가 어둡다는 건 아마도 땅속에 묻혀 있다는 뜻일 터다. 그렇다면 무 씨앗은 비교적 흙 속에 깊이 묻혀 있을 때 발아를 원한다고 추측할 수 있다. 땅속 깊이 묻혀 있으면 지표면 근처와는 달리 바로 광합성을 할 수 없지만, 한 가지 좋

---

[73] 교과서에는 양상추는 빛 아래서 발아하고 무는 어두운 곳에서 발아한다고 쓰여 있지만, 실제 실험을 해보면 배신당할 확률이 꽤 높다. 농가 입장에서는 씨앗을 뿌렸는데 조건에 따라 발아했다 안 했다 하면 곤란하므로 재배 식물은 어떤 조건에서든 발아하는 것을 선별하는 경우가 많다. 이런 실험은 되도록 야생 식물로 해야 좋다.

은 점이 있다. 햇빛 때문에 바싹 마를 일이 없다는 점이다. 즉 건조에 약한 식물은 흙 속 깊이 묻혀 있을 때만 발아하는 성질이 장점으로 작용한다. 또 토양이 부드럽지 않으면 씨앗이 깊이 묻히지 않을 테니 토양이 부드러운지도 중요할 수 있다.

한편 깊이 묻힌 씨앗은 발아한 후 지표면으로 나와 광합성을 하기까지 아무래도 시간이 오래 걸릴 테니 씨앗 안에 충분한 영양을 가지고 있어야 한다는 단점도 있다. 이를 고려하면 어두운 곳에서만 발아하는 암발아종자[74]의 어린 새싹은 아마 건조에 약하고 부드러운 토양을 선호하며, 씨앗의 크기는 비교적 크고 안에 영양분이 저장되어 있다고 추론할 수 있다. 사실 정말 그러한지는 알지 못한다. 한번 자세히 알아보면 재미있을 듯하다.

3. 씨앗의 이동 방법

'딱딱하다'라는 씨앗의 보편적 성질을 생각해 봤으니 이번에는 씨앗 모양의 다양성에 대해 생각해 보자. 본론에 들어가기 전에 한 가지 주의할 점이 있다. 식물에 따라서는 씨앗처럼 보이지만 사실은 씨앗이 아닌 것도 있다는 점이다. 예를 들면 딸기다. 보통 빨간

---

[74] 암발아종자의 정의는 사람마다 달라 어두울 때만 발아하는 씨앗을 가리키는 경우와, 발아에 빛이 필요 없는 씨앗을 가리키는 경우가 있다.

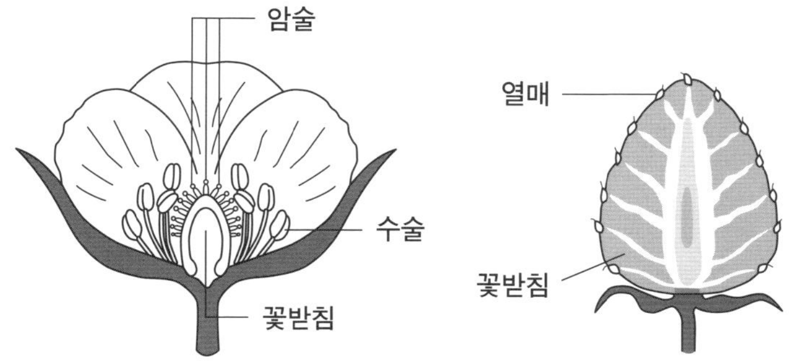

그림 8-4 딸기의 꽃과 '열매'

열매 표면에 점점이 박힌 알맹이가 씨앗이라고 생각하는데, 생물학적으로 보면 애초에 빨간 것은 열매가 아니라 꽃자루 끝[75]이 비대해진 것이다. 그리고 표면에 점점이 박힌 알맹이가 열매다. 그러면 씨앗은 어디에 있는가 하면 열매 자체가 씨앗이다. 씨앗이 아주 얇은 껍질로 덮여 있는 것이 열매인 알갱이다(그림 8-4).

그렇게 번거롭게 이름을 붙일 필요 없이 열매로 보이는 부분을 열매, 씨앗으로 보이는 부분을 씨앗이라고 부르면 되지 않냐고 묻는다면 너무도 당연한 생각이다. 그러나 꽃이 핀 후 꽃의 각 부분이 어떻게 변해 열매나 씨앗이 되는지를 관찰해 보면, 암술 밑부분이 점점 알갱이로 변하기 때문에 이 부분을 열매라고 부를

---

[75] 꽃의 밑부분으로 화상花床 또는 화탁花托이라고 부른다.

수밖에 없는 사정이 있다. 그리고 꽃을 받치고 있는 부분이 부풀어 먹는 부분이 된다. 보통 우리는 꽃이 지고 나면 그 후에 어떻게 되는지 잘 보지 않지만, 열매가 되어가는 과정을 관찰하면 의외의 발견이 있다.

따라서 식물학자에게 딸기 열매를 달라고 하면, 점점이 박힌 알갱이 부분만 건네줄 가능성이 있다.[76] 그렇지만 씨앗의 모양과 기능의 관계를 알고 싶다면 일반적으로 씨앗의 기능을 가진 부분, 즉 딸기로 말하자면, 점점이 박힌 알갱이 열매를 씨앗이라고 생각하는 것이 더 적절하다. 선인장의 잎 기능을 생각하면서 가시가 아닌 줄기 부분을 생각했듯이 말이다. 따라서 이 책에서 일반적인 설명을 할 때는 생물학적 정확성은 접어두고, 일반적인 씨앗으로서의 기능을 가진 부분을 모두 씨앗이라고 부르겠다.

식물의 씨앗이 이동하는 방법은 기본적으로 꽃가루와 같다. 바람에 의해 옮겨지거나, 동물에 의해 옮겨지거나, 물에 의해 옮겨진다. 이 밖에 그다지 많은 수는 아니지만, 외부의 도움을 빌리지 않고 스스로 씨앗을 날리는 식물도 있다. 먼저 그런 방법을 살펴보자.

식물은 기본적으로 움직일 수 없고 근육도 없다. 씨앗을 날릴 힘을 얻으려면 물질 자체의 변화를 통해서만 가능하다. 물질이 스스로 움직이는 예로 바이메탈이 유명하다. 바이메탈은 금속

---

[76] 물론 심보가 비뚤어진 식물학자가 그렇겠지만.

두 종류를 붙인 간단한 구조다.[77] 두 금속의 열팽창률이 다르면 온도가 변했을 때 금속 길이가 불균등하게 늘었다 줄었다 하기 때문에 더 짧아지는 쪽으로 휜다. 온도가 아닌 습도에 따라 물체 크기가 변하기도 한다. 습도가 낮은 겨울에는 부드럽게 움직이던 나무 문이 장마철이 되면 뻑뻑해졌던 경험이 있지 않은가?

열팽창을 이용하는 식물이 있는지는 잘 모르겠으나 습도 변화에 따라 사물을 움직이는 사례는 여러 식물에서 찾아볼 수 있다. 특히 씨앗은 휴면에 들어가면서 건조가 진행되는 식물이 많기 때문에, 많은 식물이 씨앗을 감싸고 있는 껍질 등이 건조와 더불어 불균일하게 수축하는 성질을 이용한다. 그렇다면 껍질을 어떻게 만들어야 씨앗을 날릴 수 있을까?

바이메탈과 마찬가지로 수축 정도가 서로 다른 두 가지 소재로 껍질을 만들면 껍질이 휜다. 이때 양쪽 끝을 고정해 놓으면 휘는 힘이 계속 쌓인다. 그러다 일정 이상의 힘이 가해졌을 때 고정이 풀리도록 하면 어느 순간 툭 하고 껍질이 튀어 오르게 되는 것이다(그림 8-5).

이질풀은 이런 방법으로 껍질 속 씨앗을 바깥으로 튕겨낸다. 이 방법으로 씨앗이 날아가는 거리는 겨우 1m 정도에 불과하지

[77]   바이는 2, 메탈은 금속을 의미한다.

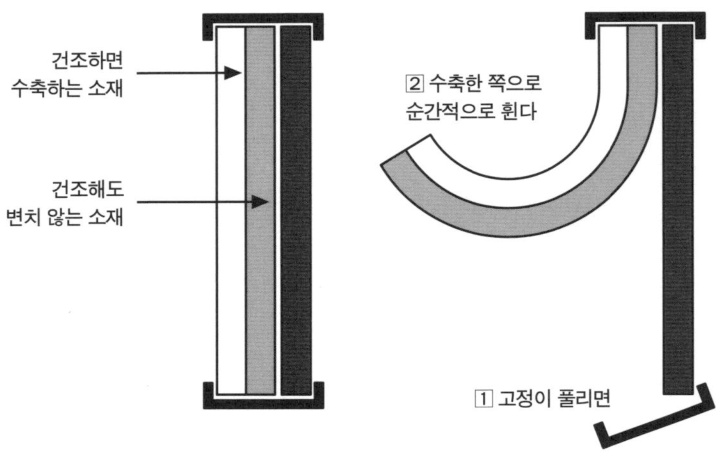

그림 8-5 불균일한 수축이 움직임을 만드는 예

만, 키가 10cm 정도인 식물치고는 대단한 거리다. 이질풀 껍질이 다섯 갈래로 갈라지면서 휘면 지붕 끝이 한껏 올라간 가마 모양이 된다(그림 8-6). 그래서 이질풀은 일본에서 가마풀神輿草이란 별명도 있다.[78]

종류에 따라서는 껍질이 비틀어지듯 수축하는 식물도 있는데, 기본적으로 불균일한 수축으로 껍질이 뒤틀어졌다가 뒤틀림이 해소될 때 순간적으로 움직임이 발생하는 원리는 동일하다.

그렇다면 이런 투석기 형식의 씨앗 방출 방식은 씨앗 모양에 어떻게 반영될까? 아마도 공기 저항이 적어야 하기 때문에 둥근

---

[78] 이질풀의 일본어 이름인 겐노쇼코現の証拠 는 '실제로 효과가 있다는 증거'를 뜻하는데, 설사를 멈추게 하는 효과가 탁월한 데서 유래했다.

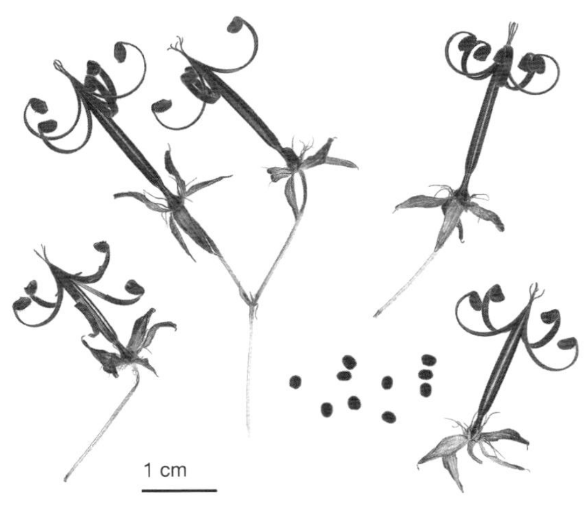

그림 8-6
이질풀의 열매
(Roger Culo 촬영)

모양이 될 것이다. 씨앗 모양이 크게 다양해질 것 같지는 않다. 왜냐하면 씨앗을 발사하는 원동력은 씨앗이 아니라, 씨앗을 감싸고 있는 꼬투리에 있기 때문이다. 바꿔 말하면 투석기 유형으로 씨앗을 퍼뜨리는 식물의 꼬투리는, 씨앗을 발사하는 원리에 따라 다양한 형태를 보인다. 이질풀의 꼬투리는 바로 그 전형적인 예라 할 수 있다. 씨앗을 발사하는 방법의 다양성은 씨앗 모양의 다양성이 아니라 꼬투리 모양의 다양성에 반영된다.

칼럼 : 뱀밥의 포자

매우 흥미로운 식물의 움직임 하나를 소개하고 싶다. 바로 뱀밥 포자의 움직임이다. 봄마다 볼 수 있는 뱀밥은 양치식물인 쇠뜨

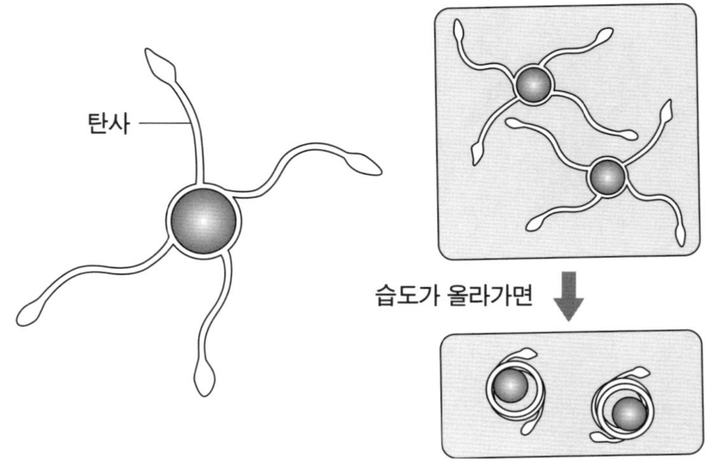

그림 8-7 뱀밥의 포자

기의 포자줄기다. 포자줄기는 포자를 만들어 퍼뜨리는 데 특화된 줄기라고 생각하면 된다.

뱀밥을 따와서 신문지 등에 싸서 하루이틀 내버려두면 보송보송한 녹색 솜털 같은 것이 나오는데 이것이 뱀밥의 포자다. 이것을 조금 슬라이드글라스에 담아 현미경으로 관찰해 보자. 커버글라스는 씌우지 않는다. 그러면 정말 기묘한 네 발 달린 문어 같은 것이 보인다(그림 8-7).

이제부터가 시작이다. 현미경으로 관찰하면서 입을 크게 벌려 천천히 하 하고 입김을 뿜어보자. 그러면 마치 놀라기라도 한 듯 포자의 네 다리가 본체에 달라붙어 작아진다. 잠시 시간이 지나면 하늘하늘거리며 다시 원래 모양으로 돌아오기 때문에 몇 번이고 반복해 움직임을 관찰할 수 있다.

　뱀밥 포자의 네 다리는 탄사彈絲, 튀김실라고 하는데 습도 변화에 따라 형태를 바꾼다. 건조할 때는 탄사를 펼쳐 공기 저항을 크게 해 바람 등을 타고 멀리까지 날아간다. 한편 습도가 높을 때는 탄사를 말아 바람에 잘 날아가지 않게 한다. 이는 비가 오거나 할 때는 날이 맑은 다음 기회를 기다리며 포자줄기 안에 머무르는 편이 나중에 멀리까지 포자를 퍼뜨릴 수 있다는 점을 반영하는 것일 수도 있다. 현미경 관찰에서는 사람이 뱉는 숨의 습도가 높기 때문에 그러한 움직임이 관찰된다. 따라서 이 관찰은 습도가 낮은 건조한 날에 하면 좋다. 꼭 한번 해보길 추천한다.

4. 동물을 이용한 씨앗 이동

다음으로 동물이 씨앗을 옮기는 경우를 생각해 보자. 운반 방법은 크게 두 가지로 나뉜다. 등산할 때 챙기는 도시락은 갈 때는 몸에 지녀서 옮기지만, 돌아올 때는 배에 넣어 옮긴다.[79] 마찬가지다. 몸에 붙여서 운반할 것인가, 아니면 먹어서 운반할 것인가. 어

---

[79]　배에 넣어 운반하는 편이 훨씬 편하기 때문에 하이킹 갈 때는 되도록 빨리 도시락을 먹어야 한다고 주장하는 사람이 있다. 그런 것 같기도 하고 아닌 것 같기도 하고….

느 쪽도 아니지만, 먹으려고 들고 나갔다가 잊어버리고 못 먹어
서 결과적으로 씨앗이 무사히 이동하는 경우도 있다. 다람쥐와
도토리 이야기가 유명하다. 다람쥐가 겨울 동안 비축 식량으로
쓰려고 묻어두고서 잊어버린 도토리가 다음 해 봄에 발아하고 성
장해 분포 지역이 넓어진다는 이야기다. 이야기가 나온 김에 도
토리에 대해 생각해 보자.

다람쥐나 도토리를 먹는 흰배숲쥐 등이 운반하려면 우선 먹
을 수 있어야 한다. 그런데 도토리는 딱딱한 껍질에 둘러싸여 있
어 언뜻 모순처럼 보인다. 식량으로서의 가치가 있어 운반되는
도토리가 일부러 먹기 힘들게 생긴 이유는 무엇일까?

그 모순을 푸는 열쇠는 아마도, 뿌리의 공생이나 꽃을 찾아
오는 벌레 부분에서도 살펴본 바 있는 일대일 관계일 것이다. 다
람쥐나 흰배숲쥐는 씨앗을 날라 분포 확대에 공헌하는 한편, 씨
앗의 일부는 다람쥐나 흰배숲쥐의 영양분이 되므로 이 또한 공생
의 일종이다. 이러한 공생 관계가 방해받지 않으려면 무임승차를
노리는 기생생물을 배제하면서 공생자를 끌어들이려는 노력이
필요하다. 6장에서 보았듯이 뿌리와 뿌리혹박테리아 간에는 화
학물질을 매개로 한 보안시스템이 있고, 7장에서 소개했듯이 꽃
과 곤충은 서로 잘 어울리는 모양으로 만들어져 있었다.

아마도 도토리의 단단함은 다람쥐나 흰배숲쥐만이 열 수 있

는 열쇠 같은 것이다. 도토리 중에는 맛이 아주 떫은 것도 있는데, 떫은맛은 그것을 먹는 동물이나 곤충을 방어하는 수단이 되기도 한다. 따라서 떫은맛도 일종의 열쇠이며, 운반에 비협조적인 곤충 등이 열지 못하도록 자물쇠를 잠근 것일 수도 있다. 일부 선택된 자만 먹을 수 있는 딱딱한 껍질은 이러한 전략을 구사하는 식물 씨앗의 특징일 것이다.

동물이 운반하는 방법으로는, 얼마 전에 쇠똥구리가 굴려 운반하는 특이한 씨앗이 화제가 된 적이 있다.《파브르 곤충기》로 유명한 바로 그 쇠똥구리다.[80] 남아프리카에서 자라는 여러해살이 외떡잎식물 중 하나에는 소과에 속한 영양 종류 동물의 배설물과 모양도 냄새도 꼭 닮은 씨앗이 열리는데, 감쪽같이 속아 씨앗이 배설물인 줄 아는 쇠똥구리는 열심히 씨앗을 굴려 땅에 묻는다. 그 결과 씨앗이 멀리까지 운반된다. 냄새의 원인이 되는 휘발 성분의 구성과 양까지 동물의 배설물과 비슷하다고 하니 공을 들인 티가 난다. 더구나 씨앗이 너무 딱딱해서 쇠똥구리는 그것을 먹거나 알을 낳을 수도 없다. 그야말로 도토리보다 더 악질이다. 언젠가 진짜 배설물과 가짜 배설물을 구별하는 쇠똥구리가 출현하면, 진짜와 더 닮은 씨앗을 만들기 위해 식물도 진화를 거듭하는 군비 확장 경쟁이 여기서도 벌어질지 모르겠다.

80   필자가 어렸을 때는《파브르 곤충기》와《시튼 동물기》가 어린이 필독서였는데 지금은 어떤지 모르겠다. 마키노 도미타로牧野富太郎 박사가 쓴《식물기》도 있지만 이 책은 아이들이 읽기에 벅차다.

다음으로 배 속에 넣어 운반하는 방법은 어떨까? 이 경우 열매를 먹은 뒤 먹은 씨앗을 나중에 다른 곳에 배설하는 방법이 일반적이다. 이러한 유형의 씨앗과 열매는 어떤 특징이 있을까?

씨앗은 소화가 안 될 만큼 딱딱해야 하지만, 열매는 무조건 부드럽고 맛있어야 한다. 또 도토리처럼 운반될 필요가 없기 때문에 일대일 관계는 크게 중요하지 않다. 또 가급적 많은 종류의 동물이 씨앗을 통째로 삼켜주면 좋다. 눈에 잘 띄면 더욱 좋으므로 잘 익은 열매는 대부분 색이 화려하다. 화려한 외형의 열매, 부드럽고 맛있는 과육, 딱딱한 씨앗의 조합은 동물에게 먹혀 씨앗을 퍼뜨리는 식물의 특징이다.

물론 모든 일에는 예외가 있다. 열대과일인 두리안 등은 과실 표면이 딱딱한 데다가 가시가 있어 마치 먹히기를 온몸으로 거부하는 듯하다. 두리안은 왜 이런 생김새가 됐을까? 그 이유로 두 가지 가능성을 생각해 볼 수 있다. 하나는 익으면 변하는 경우다. 두리안은 익으면 엉덩이처럼 움푹 팬 부분이 서서히 갈라지기 때문에 그 부분부터 먹으면 먹기 편하다. 또 하나, 특정 대상에게만 먹히기 위해서일 수도 있다. 맛있는 과육만 먹고 씨앗 확산에는 도움이 안 되는 동물은 먹기 어렵게 하고, 씨앗을 통째로 삼켜줄 동물은 먹기 편하게 머리를 짜낸 것이다. 이미 여러 차례 등장한 보안시스템이다. '도움이 안 되는 동물' 시점에서 보면 당연히 뾰족한 가시가 있어 먹기 힘들어 보인다. 일하지 않는 자 먹지도 말라는 뜻일 테지만 말이다.

마지막으로 몸에 붙어 운반되는 식물에 대해 생각해 보자. 이 경우 씨앗이라기보다 열매 전체가 달라붙는 경우가 많다. 달라붙는 방식은 크게 두 가지로 나뉘는데 어떤 방식이 있는지 알아보자.

흔히 볼 수 있는 게 뾰족 유형과 끈끈 유형이다. 가시가 있는 뾰족 유형의 대표격은 도꼬마리 종류의 열매다(그림 8-8). 모든 면이 뾰족뾰족하고 따끔한 가시로 둘러싸였고, 크기는 종류에 따라 다르지만 1cm 이상이다. 게다가 가시 하나하나를 자세히 보면 끝이 말려 있어서 그곳에 옷이 엉키면 잘 떨어지지 않는다. 이 정도면 야생동물의 털에도 엉킬 것 같다.

그림 8-8
도꼬마리의 열매
(도호쿠대학 나가시마
히사에 박사 제공)

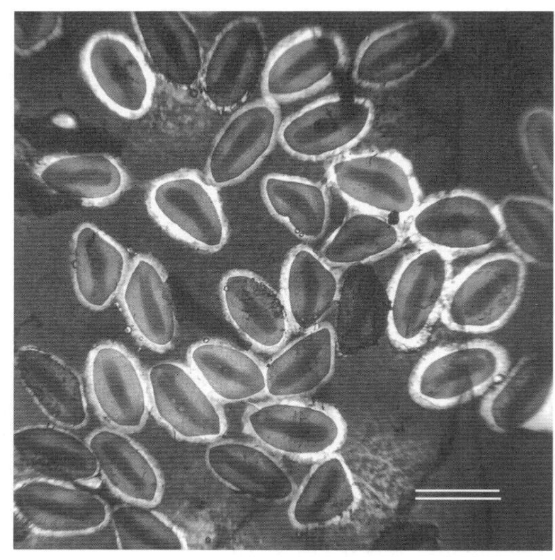

그림 8-9
질경이의 씨앗.
점액층이 또렷이
나타나게끔 염색 후
투과광으로 촬영
(오른쪽 아래의 바는 1㎜.
도쿄대학 쓰카야 히로카즈
박사 촬영)

이런 모양의 열매가 열리는 식물은 주변에서도 쉽게 눈에 띈다.[81] 쇠무릎이나 털도깨비바늘, 짚신나물도 마찬가지다. 이들 열매에는 공통적으로 끝이 말린 가시나 털이 있는데 그 크기는 다양하다. 도꼬마리 가시 중에는 1cm 가까운 것이 있는가 하면 도둑놈의갈고리의 열매 표면에 있는 가시는 현미경으로 확대해야 보일 정도로 작다. 도꼬마리의 가시가 옷감 실에 얽히는 느낌이라면 도둑놈의갈고리의 가시는 실을 이루는 가느다란 섬유에 얽히는 느낌이다. 털 모양은 동물의 종류에 따라 천차만별이므로 아마도 어느 정도 목표가 되는 동물이 있어서 그 동물의 털에 맞

81   아니 오히려 반대로 사람에게 달라붙어 열매가 운반되기 때문에 쉽게 눈에
      띄는 걸 수도 있다.

178

그림 8-10 주름조개풀

취 가시 크기 등도 정해져 있을 것이다.

한편 끈끈 타입 중 친숙한 식물은 질경이가 아닐까 싶다. 길 가에 흔히 자라며 밟힘에 강한 식물이다. 질경이 열매를 유심히 본 적 있는 사람이 얼마나 있을지 모르겠지만, 열매 안에는 젖으면 끈적끈적해지는 씨앗이 들어 있어서 밟으면 발바닥에 달라붙는다(그림 8-9). 밟은 사람이 이리저리 걸어다니게 되면 넓은 범위로 씨앗이 운반되는 원리다.[82]

주름조개풀은 발바닥이 아니라 바지 밑단 부근에 끈끈하게 달라붙는다(그림 8-10). 잎 모양이 조릿대와 비슷한데 크기는 매

[82] 밟힐 것을 전제로 한 인생이라니 좀 슬프기도 하지만, 질경이도 나름 번성하고 있으니 남이 간섭할 일도 아니다.

우 작고, 잎이 달리는 높이도 겨우 10cm밖에 되지 않는다. 그러나 꽃이 피는 이삭이 30cm 정도 높이에 달리는데 거기에 끈적끈적한 긴 털 세 가닥이 달린 열매가 열린다. 열매는 익으면 간단히 떨어지기 때문에 주름조개풀이 자라는 곳 근처를 돌아다니면 바지 밑단 정도 높이에 열매가 끈끈하게 달라붙는다.

끈끈이 유형의 경우 표면이 끈적끈적하기만 하면 되므로 생김새에 관해서는 자유로운 듯하다. 실제로 질경이의 씨앗과 주름조개풀의 열매는 생김새가 전혀 다르다. 생김새가 아닌 표면 성질에서 공통점을 찾을 수 있다.

칼럼 : 씨앗에는 무엇이 들어 있을까?

식물의 씨앗은 동물의 무엇에 해당하냐고 묻는다면 뭐라고 대답해야 할까? 아마 대다수가 알이라고 대답하지 않을까? 그건 그것대로 정답(중 하나)이지만, 일반적인 이미지의 달걀, 즉 마트에서 파는 닭 달걀과는 결정적으로 다른 점도 있다.

마트에서 파는 달걀은 보통 미수정란이어서 크기는 커도 세포는 하나다. 그러나 식물의 씨앗 속에는 떡잎이 될 부분, 뿌리가 될 부분, 싹이 될 부분, 줄기로 뻗어나갈 부분 등이 모여 있는 씨눈胚이 있어서, 작지만 엄연한 식물이다. 이런 점에서 볼 때 식물의 씨앗은 알로 치면 안에서 무언가 소리가 나기 시작한, 부화 직전의 알에 가까울지도 모른다. 식물의 경우도 처음에는 하나의

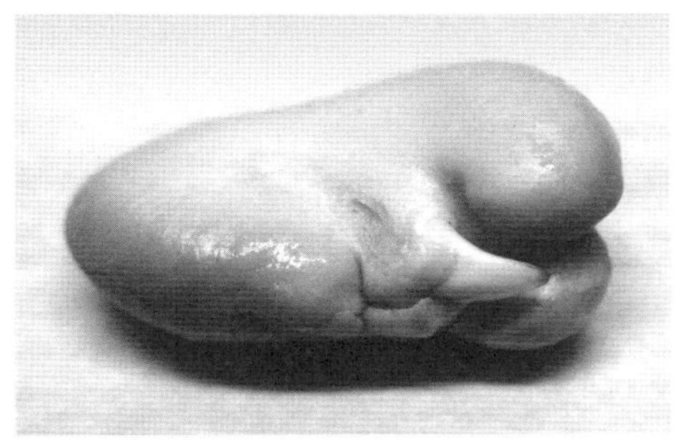

그림 8-11
껍질을 벗긴 누에콩 씨앗

세포에서 출발하지만, 세포 분열을 거듭하며 여러 형태로 분화해 씨눈 단계에 이르고, 거기에서 수분이 줄면서 휴면 상태에 들어간 것이다.[83]

실제로 식물 씨앗을 면도칼 등으로 분해해 보면, 씨눈에서 잎과 새싹, 뿌리 등에 해당하는 부분을 관찰할 수 있다. 예를 들어 간단한 것이 누에콩이다. 삶은 누에콩이면 면도칼도 필요 없다. 콩꼬투리에서 꺼내 삶은 누에콩의 껍질을 벗기면 안쪽 먹는 부분 대부분을 떡잎이 차지하고 있다(그림 8-11). 주의 깊게 보면 떡잎 사이에 작은 새싹 같은 것도 보인다.[84]

재미있는 사실은 누에콩 씨앗을 땅속에 심어 발아시켜도 떡잎은 지표면으로 나오지 않는다. 잠시 후 나오는 것은 본잎을 단 새싹이다. 큰 떡잎은 그대로 땅속에 남아 발아에 필요한 영양을 공급한다. 오이도 큰 떡잎이 영양 공급원 역할을 하는데 오이의

---

83   그런 의미에서 씨앗은 알이라기보다 소생 가능한 미라에 가깝다고 볼 수 있다.
84   실제로는 뿌리가 되는 부분이다.

경우는 온전히 지상에 모습을 드러낸다.

　　한편 벼의 씨앗, 즉 쌀은 내부를 관찰해도 어디가 떡잎인지 알 수 없다. 사실 쌀 내부 대부분은 씨눈이 아니라 씨젖배유胚乳이라는 영양 조직이 차지하고 있다. 즉 식물체와는 별개의 조직인 씨젖이 영양원으로 발달해 있어서 씨눈 자체는 그렇게 커질 필요가 없는 것이다. 그러나 벼도 작은 씨눈 부분을 자세히 관찰하면 작은 싹과 뿌리가 보인다. 떡잎에 영양을 축적하든, 씨젖에 영양을 축적하든, 축적된 영양은 발아해서 새싹이 광합성을 시작할 때까지 식물을 뒷받침하는 중요한 존재다.

5. 바람을 이용한 씨앗 이동

바람을 이용해 씨앗을 퍼뜨리는 식물 중 하나를 꼽으라면 단연 민들레가 아닐까(그림 8-12)? 어린 시절 민들레의 둥근 솜털을 불어 날려본 경험이 없는 사람은 아마 없지 않을까 싶다.[85] 민들레의 솜털 부분을 자세히 보면 갓털관모冠毛에 열매가 매달려 있는데 그야말로 낙하산처럼 생겼다. 실제로 바람이 불면 하늘 높이 날아오른다. 가을바람에 이삭이 흩날리는 참억새, 다습한 초원의

[85]　만일 있다고 해도 그런 사람이 이 책을 집어드는 일은 없지 않을까?

그림 8-12 민들레의 솜털

그림 8-13 단풍나무과의 중국단풍 열매

꽃밭에서 볼 수 있는 황새풀 등도 역시 솜털이 눈에 띈다. 국화과 식물에도 많은 이런 유형의 씨앗에는 공통적으로 푹신푹신한 솜털이 있어서 한눈에 봐도 바람을 이용하고 있음을 알 수 있다. 이 솜털은 씨앗의 일부가 변해서 된 것과 꽃받침이 변해서 된 것 등 식물 종류에 따라 유래가 다르다. 하지만 '바람에 떠다니는' 공통 기능을 실현하기 위해 결과적으로 비슷한 생김새를 취하게 된 것이다.

솜털과는 전혀 다른 방법으로 바람을 이용하는 씨앗도 있다. 가장 흔하게 볼 수 있는 게 단풍나무과 식물이다. 열매 일부가 얇은 날개처럼 되어 있어서 여기서 바람을 받아 활공한다(그림 8-13). 한 방향으로 활공하는 것도 있고 빙글빙글 돌면서 활공하는 것도 있다. 빙글빙글 돌면 멀리 이동할 수 없을 것 같지만, 그렇게 해서 공중에 머무르는 시간이 길어지면 그 동안 바람에 휩쓸려 먼 거리를 날아가기도 한다. 또 큰 씨앗이 높은 곳에서 떨어질 때 낙하 충격을 완화하는 효과도 있다. 솜털이 낙하산형이라면 이건 날개 달린 글라이더형이라고 할 수 있을 듯하다.

그런데 느낌에 낙하산형은 풀에 많고 글라이더형은 나무에 많은 것 같다. 그 이유는 무엇일까?

5장에서 보았듯 나무는 비교적 안정된 환경에서는 풀보다 유리하다. 그렇다면 나무 주위 역시 비슷하게 생육에 적합한 장소일 테니 부모와 적당히만 떨어져 있으면 그렇게 멀리까지 씨앗을 날려 보내지 않아도 괜찮을 수 있다. 한편 풀은 환경이 변해서 전혀 다른 곳에 새로운 터전을 찾아야 할 수도 있기 때문에 멀리까지 씨앗을 날려 보내야 한다고 생각하면 이치에 맞는다.[86]

또 하나 생각해야 할 점은 씨앗의 크기다. 큰 씨앗을 만들면 그 안에 더 많은 영양을 담을 수 있어서 새싹이 살아남을 확률이 높다. 그러나 씨앗이 크면 바람만 이용해서는 멀리까지 날리기가 매우 어렵다. 낙하산형 씨앗의 크기와 글라이더형 씨앗의 크기를

---

86 예전에는 미국에서 아이가 18세가 되면 부모와 떨어져 멀리 있는 대학에 입학하곤 했지만, 최근에는 가까운 대학에 다니며 부모와 동거하는 경우가 늘었다는 뉴스를 본 적이 있다. 뉴스에서는 금전적인 문제와 관련지어 해설했지만, 생물학적으로 생각해 봐도 재미있을 듯하다.

비교하면, 일반적으로 글라이더형 씨앗이 크다. 이는 큰 씨앗은 낙하산을 달아도 잘 뜨지 않기 때문에 의미가 없다는 뜻일 것이다. 즉 멀리 날려야 할 때는 씨앗의 크기를 희생해 낙하산형을 선택하고, 가까이도 상관없을 때는 글라이더형을 선택해 큼지막한 씨앗을 만든다고 추론할 수 있다.

한편 씨앗을 최대한 작게 만들어 바람을 타고 날아갈 수 있도록 한 식물이 난초과 식물 씨앗이다. 대부분 열매 안에 먼지처럼 고운 입자의 씨앗이 들어 있는데 한 알 한 알 눈으로 형태를 구별하기 어려울 만큼 작다(그림 8-14). 이렇게까지 작아지면 먼지나 다를 바 없어서 굳이 낙하산이 없어도, 또 큰 날개가 없어도 조금만 바람이 불면 날아오른다. 단순히 씨앗 크기만 작게 줄여도 바람을 이용할 수 있다. 먼지형이라고 불러도 좋을 듯하다. 생김새뿐 아니라 크기도 기능과 밀접한 관련이 있다.

먼지처럼 작은 먼지형 씨앗은 특별한 구조 없이도 바람에 잘 날린다는 장점이 있지만, 한편으로는 내부에 저장할 수 있는 영양분의 양은 가장 최소한으로 덜어내야 한다. 이러한 식물은 발아 후 광합성을 시작할 때까지의 기간을 어떻게 견딜까?

광합성을 할 수 없고 영양을 저장해 두지도 않았다면 다른 존재에 의존할 수밖에 없다. 즉 기생이다. 난초과 식물 대부분은 전형적인 먼지형 씨앗 식물인데, 6장에서 소개한 균근균 등에 기생해 영양을 가로챈다. 당연히 균근균이 없는 곳에서는 발아해도 자랄 수 없으므로, 씨앗 발아 자체를 균근균에 의존한다. 역시 6장의 칼럼에서 소개한 스트리가도 먼지형 씨앗 식물로, 다른 식물에 기생해 영양을 가로챈다.

이러한 먼지형 씨앗 식물은 지금까지 적어도 12개 과科에서 발견됐다. 그리고 이 식물들은 이러한 생활 방식을 각자 독자적으로 발명한 것으로 보인다. 즉 생물 진화 과정에서 한번 발명된 후 많은 식물에 퍼진 것이 아니라 각자 따로따로 여러 차례 진화한 것이다. 스트리가를 포함해 열당과 식물은 다른 식물에 기생하지만, 그 외 다른 과 식물은 보통 균근균에 기생한다.

난초과 식물 대부분은 잎을 펼친 후에는 광합성을 시작하지만, 스트리가는 마지막까지 기생 생활을 벗어나지 않는다. 다만 먼지형 씨앗인데도 기생이 명확하게 확인되지 않은 식물도 많아, 그 생활 양식에는 여전히 수수께끼가 많이 남아 있다.

6. 물을 이용한 씨앗 이동

물을 이용해 씨앗을 이동시키는 식물의 대표 주자는 단연코 야자나무 열매다. "이름 모를 먼 섬에서 흘러오는 야자열매 하나"라는 시의 한 구절에는 야자열매가 바다 위를 동동 떠다니며 흘러가는 모습이 나타나 있다.[87] 예부터 외딴섬에 고립되면 빈 병에 편지를 담아 바다에 던지는 게 관습이었다. 그다지 효율적으로 보이지는 않지만, 씨앗을 다른 곳으로 옮기려면 이 방법이 거의 유일하다. 생각할 수 있는 다른 방법으로는 철새의 발에 달라붙게 하는 정도가 아닐까?

6장에서 판뿌리를 소개할 때 나온 헤리티에라 리토랄리스에도 야자처럼 물에 뜨는 큰 열매가 열린다. 이 열매도 해수면을 떠

---

[87] 작가 시마자키 도손島崎藤村의 시 도입부에 나오는 시구다. 혹시 필자와 같은 경험이 있는 독자가 있을까 봐 말하는데, 중학교 때 국어 교과서에 한자로 써진 도손藤村을 훈독으로 '후지무라'라고 읽었다가 바보 아니냐는 말을 들었던 기억이 갑자기 떠올랐다.

다니며 멀리 퍼진다.

물을 이용하는 식물은 바다에만 국한되지 않는다. 연못가 등에서 자주 눈에 띄는 외래종인 노랑꽃창포 역시 물에 뜨는 씨앗을 만들어 번식지를 넓힌다. 골짜기 주위의 습윤지나 강변에서 볼 수 있는 개굴피나무도 계곡에 열매를 떨어뜨려 씨앗을 퍼트리는 것으로 보인다.

바다나 연못은 그렇다 치더라도 강은 씨앗이 흘러가는 방향이 강 하류로 정해져 있기 때문에 분포 범위가 조금씩 강 하류로 이동하다가 마지막에는 바다에 닿아 멸종하지 않을까 걱정스럽기도 하다. 그러나 사실 개굴피나무는 물'도' 이용할 뿐이고 열매에 잎이 변한 날개가 달려 있어 날개로 회전하며 떨어지기 때문에 오히려 바람을 이용하는 쪽이 중심일지도 모른다. 물과 바람 모두를 이용하는 셈이다.

그렇다면 물을 이용하는 씨앗들에는 어떤 형태적 특징이 있을까?

물로 퍼지는 씨앗의 공통점을 보면 단단하면서도 가볍다. 특히 해수면을 떠다니는 경우에는 물에 잠겨 있는 시간이 길어지기 때문에[88] 튼튼하게 만들어야 한다. 야자나무 열매처럼 큰 것부터

---

[88] 《내셔널지오그래픽》의 기사에 의하면 편지가 든 빈 병이 바다에 떠다닌 지 109년 만에 발견된 사례가 있다고 한다.

그림 8-15 가시연꽃의 씨앗 (후쿠오카교육대학 후쿠하라 다쓴도 박사 제공)

노랑꽃창포처럼 작은 씨앗까지, 크기에는 상당한 편차가 있는데, 이는 예상 표류 시간에 따라 결정되는 것일 수도 있다. 씨앗 크기가 큰 편이 견고하고 시간이 오래 지나도 발아 능력이 지속될 것 같긴 하다.

나무나 풀의 각 부분은 원래 무게가 많이 나가지 않아서 물에 뜨는 것 자체가 그다지 큰 특징은 아닐 수도 있지만, 단단한 정도에 비해서는 가벼운 편이다. 종류에 따라서는 내부에 공기가 찬 공간을 만들어 비중을 가볍게 하기도 한다.

반면 수초처럼 물속에 뿌리를 내리는 식물이 다른 장소에 정착하기 위해서는 끝도 없이 떠다니기보다는 어느 정도 시간이 지나면 가라앉게끔 만드는 게 좋을 듯하다. 실제로 한천 같은 물질에 싸인 채로 물에 떠다니는 가시연꽃의 씨앗은 씨앗 혼자서는 물에 뜰 수 없고 시간이 지나 한천 부분이 썩으면 물에 가라앉게끔 만들어졌다고 한다(그림 8-15). 말하자면 '시한 침몰 장치'가 달린 씨앗이다.

물을 이용해 씨앗을 운반하는 식물이라고 뭉뚱그려 말하지만, 식물의 생활 방식에 따라 여러모로 궁리를 짜내고 있음을 알 수 있다.

9장 풀과 나무의 생김새를 결정하는 요인

1. 나뭇잎의 방향과 빛 흡수 효율

지금까지는 식물의 각 부분 생김새에 대해 생각했다. 지금부터는 부분과 부분의 관계 및 식물의 전체적인 생김새에 대해 생각해 보려고 한다.

먼저 잎이 나오는 각도를 생각해 보자. 잎의 사명은 빛을 모아 광합성을 하는 것이므로 되도록 빛을 많이 받는 각도로 잎이 나면 좋다. 특정 각도에서 빛이 들어올 때 한정된 잎 면적을 사용해 그 빛을 모으고 싶다면 어떻게 하면 될까? 아마 많은 사람이 빛이 들어오는 방향과 직각으로 잎을 놓지 않을까? 얼마나 많은 빛이 모이는지는 잎이 만드는 그림자 크기를 보면 안다. 잎이 빛을 흡수하면 그림자가 생길 테니 말이다. 해보면 금세 알겠지만, 확실히 빛과 잎이 직각일 때 그림자가 가장 크게 생긴다.

문제는 태양의 위치가 하루 동안 수시로 바뀐다는 점이다. 어느 한 시점에서는 햇빛과 직각을 이루다가도 한 시간 후에는 어긋난다. 한낮에는 위에서 내리쬐는 햇빛도 아침저녁에는 옆에서 비친다. 천체망원경 중에는 천체 움직임에 따라 망원경 각도가 자동으로 바뀌는 자동추적식 천체망원경이 있다. 빛 수집 효율을 극대화하려면 이 망원경처럼 잎을 태양 방향에 맞춰 시시각각 바꾸는 것이 가장 좋다. 그러나 실제로 방향을 바꾸기 위해서는 그에 맞는 복잡한 구조와 상당한 에너지가 필요하다. 자귀나무와 미모사처럼 밤이 되면 잎(잔잎)을 닫는 식물은 있지만, 낮 동

그림 9-1 잎을 움직여 상대보다 윗자리를 차지한다

안 태양에 맞춰 잎 방향을 계속 바꾸는 식물은 찾아볼 수 없다. 아마도 애써 방향을 바꾸며 에너지를 소비해도 노력에 비해 효과를 얻지 못하기 때문일 것이다.[89]

그렇지만 밤이나 낮에 잎을 움직여 낮에 받는 빛 양을 늘리는 게 아닐까 싶은 사례는 있다. 잎 두 장을 옆으로 펼친 비슷한 크기의 식물이 가까이 붙어 자랄 때, 한 식물의 잎이 다른 식물의 잎 위에 있으면 빛 획득 측면에서 압도적으로 유리하다. 이때 만약 잎의 각도를 한 번 올렸다가 다시 내리는 동작을 하면, 설령 아래쪽에 있던 잎이라도 이번에는 위로 올라가게 된다(그림 9-1). 이러한 동작을 하는 식물과 하지 않는 식물이 같은 장소에 자라고

---

89 '그러면 해바라기 꽃은 왜 태양을 쫓아 움직이지?'라고 생각하는 사람도 있을 터다. 실제로 해바라기가 움직이는 것은 꽃봉오리인데 그 명확한 '의미'는 필자도 명확히 모른다. 다만 식물이 움직이는 이유는 사람이 관절을 움직이는 것과는 달리 불균등한 성장 때문이다. 즉 어차피 해야 하는 성장이라면, 오른쪽 왼쪽을 교대로 성장시키면 추가로 에너지를 투입하지 않고도 좌우로 고개를 돌릴 수 있다. 비용은 그다지 많이 들지 않을 수도 있다.

있다면 경쟁에서 살아남는 쪽은 잎을 움직이는 식물일 것이다. 하지만 이 경우 다른 식물과의 경쟁에서 유리하려고 잎을 움직이는 것이지 빛을 받는 각도를 바꾸기 위해서는 아니다. 그렇다면 잎 각도를 일정하게 고정해야 한다면 어떤 각도가 가장 좋을까?

구체적인 각도는 위도나 계절에 따라 다르겠지만, 대체로 일본 같은 북반구 중위도 지역에서는 남쪽으로 조금 기울여 놓아야 가장 좋다. 대규모 태양광 발전 시설의 태양전지판도 대개 그렇게 되어 있다. 그럼 실제 식물은 어떨까?

공원이나 정원 울타리에는 당연히 가지가 여러 방향으로 쭉쭉 뻗는 유형의 나무를 심는다. 이런 나무 중에는 잎이 좌우로 한 쌍씩 달린 나무(마주나기)도 있고, 번갈아 달린 나무(어긋나기)도 있다(그림 9-2 왼쪽).

이런 식물을 자세히 관찰하다 보면 재미있는 사실이 눈에 띤다. 예를 들면 잎이 마주나는 식물의 경우, 그 가지가 위를 향해 수직으로 뻗어 있을 때는, 특정 위치에 잎이 마주보며 났다면 다음에 오는 잎은 대개 각도를 90도로 꺾어 마주나는 경우가 많다. 그래서 위에서 보면 잎이 사방으로 달려 있다. 각각의 잎은 얼추 지면과 평행을 이룬다. 한편 가지 자체가 지면과 평행하게 옆으로 뻗은 경우, 마주난 잎은 잎과 가지가 붙은 부분에서 비틀어져 모든 잎이 좌우로 뻗은 상태에서 위를 향하고 있다(그림 9-2 오른쪽).

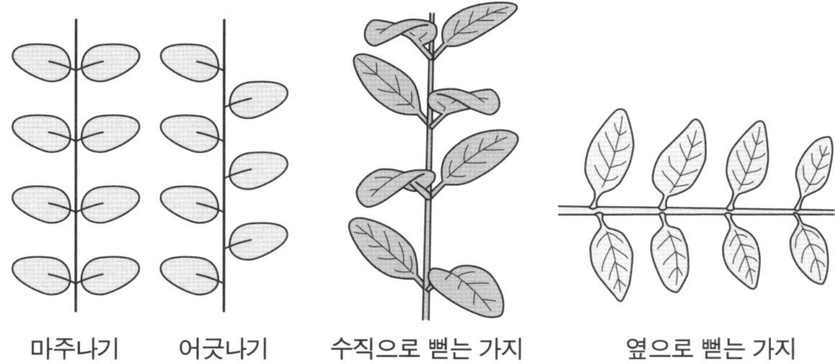

그림 9-2 식물의 잎차례

즉 가지가 어느 방향으로 뻗어 있든 잎은 위를 바라보게 된다. 이는 잎이 향하는 면이 가지와의 상호관계로 고정되어 있지 않음을 보여준다. 태양과의 위치 관계가 중요한 것이다. 또 애기장대의 잎은 중력에 따라서도 방향을 바꾼다고 보고된 바 있어서 식물은 빛 정보와 중력 정보를 모두 사용해 잎 방향을 조절하고 있음을 알 수 있다.

그렇다고 모든 잎이 무조건 위를 바라보는 것은 아니다. 그럼 살짝 남쪽으로 기울어져 있느냐 하면 딱히 그렇게까지 정교하지는 않은 듯하다. 이는 주위에 나뭇가지가 있으면 반드시 남쪽에서 빛이 비친다는 보장이 없어서일지도 모른다. 큰 나무에 달린 잎은 위를 보고는 있지만 남쪽이라기보다 나무 바깥쪽을 향하고 있는 경우가 많은 듯하다. 나무 안쪽은 다른 잎들이 빛을 흡수해 어둡다는 사실을 생각하면 당연한 결과다. 설령 나무 북쪽에

달린 잎이라도 어두운 남쪽 안을 바라보느니 밝은 북쪽 바깥을 바라보는 게 더 나을 것이다.[90]

2. 풀잎의 방향과 광합성 효율

풀잎도 기본적으로는 잎이 지면과 평행한 식물이 많지만, 벼과 식물 등은 길쭉한 잎이 지면과 거의 수직으로 뻗기도 한다. 햇빛이 위에서 내리쬘 때는 세로로 뻗은 잎에서는 그림자가 별로 생기지 않는다. 즉 잎이 받는 광량이 적다는 뜻이다. 그렇다면 면적이 더 좁은 잎으로 지면과 평행하게 뻗는 게 유리할 텐데 왜 세로로 잎을 뻗는 것일까?

주된 원인은 4장에서도 잠깐 설명한 빛과 광합성과의 관계에 있다. 잎에 빛을 비추면 빛이 잎으로 흡수된다. 조금 더 강한 빛을 비추면 조금 더 많은 빛이 흡수된다. 즉 빛 흡수량은 비치는 광량에 거의 비례한다. 잎이 빛을 흡수하면 잎은 광합성을 한다.

[90] 여기서 알 수 있듯이 잎 한 장만 놓고 봤을 때의 최적의 환경 조건과 나뭇잎 전체를 놓고 봤을 때의 최적의 환경 조건이 반드시 일치하지는 않는다. 생물의 존재 자체가 환경을 바꿔 버리는 것이다. 이를 생각할 때면 필자는 늘 관측 자체가 대상을 변화시킨다는 양자역학 이야기가 떠오른다. 이 점에 대해서는 10장에서 다시 한번 다루겠다.

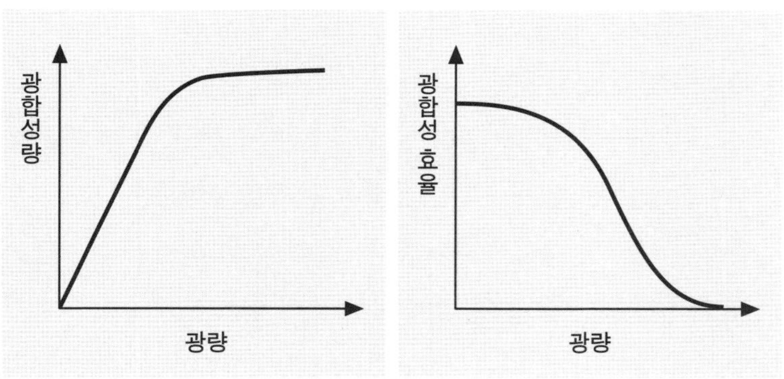

그림 9-3 광량과 광합성 효율

좀 더 많은 빛을 흡수하면 좀 더 많은 광합성을 한다. 하지만 이 관계는 광량이 어느 정도 이상으로 많아지면 조금 전과 달리 성립하지 않는다. 광량이 많아질수록 광합성량이 늘어나는 비율은 낮아져서 아무리 강한 빛을 비춰도 광합성량은 일정 값 이상으로 늘지 않는다. 흡수한 빛에 대한 광합성량, 즉 광합성 효율은 빛이 약할 때는 높지만 빛이 강하면 점점 낮아진다(그림 9-3).[91]

이러한 광량과 광합성량의 관계를 염두에 두고 다시 한번 잎의 방향을 생각해 보자. 예를 들어 풀 줄기 꼭대기에 지면과 평행하게 뻗은 잎이 있어, 이 잎에서 모든 빛을 흡수하는 식물을 생각해 보자. 그러면 그 식물이 강한 빛을 독점하겠지만, 광합성은 앞서 말했듯 일정 값 이상으로 커지지 않는다. 또 가령 줄기 아래쪽

---

[91]　이 점에 대해서는 4장 3절에서도 비슷한 논의를 했다.

은 잎이 있다고 해도 그곳에는 빛이 거의 닿지 않으므로 애초에 광합성이 불가능하다.

그렇다면 잎이 비스듬히 달린 경우는 어떨까? 잎 면적당 빛 흡수량은 감소하겠지만, 빛이 약할 때는 광합성 효율이 높으므로 광합성량 자체는 그다지 줄지 않는다. 한편 빛을 가로막는 면적은 줄어들기 때문에 그 잎 밑에 다른 잎이 있으면 그곳에도 빛이 닿아 광합성을 할 수 있다. 줄기 위부터 아래까지 모든 잎의 광합성량을 합치면 잎이 비스듬히 달린 식물 쪽이 절대적으로 유리함을 알 수 있다.

다만 이 책을 여기까지 읽은 독자라면 아시겠지만, 생물 이야기에서 '절대적으로 유리하다'는 말이 나오면 일단 눈살을 찌푸려야 한다. 만약 모든 환경에서 잎을 비스듬히 뻗는 게 유리하다면 세상에 잎이 지면과 평행한 식물은 존재하지 않을 테니 말이다. 그렇다면 어떨 때 잎을 비스듬히 뻗어야 유리하고, 어떨 때 잎을 지면과 평행하게 뻗어야 유리할까?

먼저 앞선 논의에서는 빛이 어느 정도 강하다는 것이 전제였다. 빛이 강하면 광합성 포화 상태가 되므로 조금 전과 같은 일이 발생한다. 한편 빛이 약한 곳에서는 광합성량과 광량이 거의 비례하므로 잎이 비스듬하면 그만큼 광합성량이 줄어든다. 결과적으로 줄기 꼭대기의 지면과 평행하게 달린 잎에서 빛을 다 흡수해도 손해가 아니다. 손해는커녕 이런 경우에는 비스듬한 잎보다 잎이 작아도 충분하기 때문에 오히려 이득이다. 빛이 강한 곳에서는 비스듬하게 난 잎이 유리하고 빛이 약한 곳에서는 지면과 평행하게 뻗은 잎이 유리하다고 보면 될 것 같다.

또 하나 생각해야 할 게 식물과 식물 사이의 경쟁이다. 빛이 강할 때는 잎을 비스듬하게 뻗어 밑에 달린 잎도 광합성을 할 수 있게 해주면 전체적으로 유리하다는 이야기였는데, 이는 어디까지나 그곳에 풀 한 포기만 있을 때 이야기다. 아래쪽에 다른 식물이 자라고 있어 그 식물도 거기서 빛을 흡수하는 상황에서는, 다른 식물의 분량도 더해서 광합성량을 생각하면 더 많이 한다고 할 수 있을지도 모르지만, 위쪽 식물에게는 오히려 불리해진다.

이러한 경쟁을 생각할 때 게임이론이 유효하다. 게임이론에서 자주 다루는 화제에 '죄수의 딜레마'가 있다. 묵비권을 행사하고 있는 두 명의 공범에게 검찰관이 거래를 제안한다. "이대로 묵비권을 행사하면 징역 1년이다. 하지만 자백하고 공범자의 범죄를 증언하면 석방해 주겠다"라고 말이다.[92] 그러나 자신이 침묵하고 공범자가 자백하면, 이번에는 징역 10년이 된다. 또 둘 다 자백하면 둘 다 징역 5년이다(그림 9-4). 이런 경우 둘 다 묵비권을 행사하면 징역 1년으로 끝나지만, 자기 이익에 따라 행동하면 각자

---

[92] 일본에서는 2018년 6월부터 타인의 범죄 정보를 수사기관에 제공하는 대가로 자신의 형량을 감면받는 사법거래제도司法取引制度가 시행됐다. 그러나 실제로 이러한 대화가 이루어지는지는 정확히 알 수 없다.

	죄수 A 자백	죄수 A 묵비권 행사
죄수 B 자백	죄수 A 징역 5년 죄수 B 징역 5년	죄수 A 징역 10년 죄수 B 석방
죄수 B 묵비권 행사	죄수 A 석방 죄수 B 징역 10년	죄수 A 징역 1년 죄수 B 징역 1년

그림 9-4 죄수의 딜레마

가 자백을 해서 둘 다 징역 5년이 된다. 자기 이익을 생각하면 결과적으로 손해를 보기 때문에 딜레마라 불린다.

식물도 마찬가지다. 빛이 강해 비스듬하게 잎을 뻗어야 유리한 상황인데도 그 가운데 동료를 배신하고 지면과 평행하게 잎을 뻗어 빛을 독점하는 식물이 출현하면, 그쪽 식물이 더 유리해진다. 그야말로 죄수의 딜레마와 마찬가지로, 모든 식물이 비스듬하게 잎을 달면 모든 식물에 가장 좋은 결과가 되겠지만, 실제로는 배신자가 나타나면 그쪽이 유리해지기 때문에 진화 과정에서는 그런 배신자가 살아남는다. 그래서 이런 식의 경쟁이 벌어지는 곳에서는 가령 광합성만 보면 비스듬하게 잎을 뻗는 게 유리한 상황일지라도, 지면과 평행한 잎을 내는 식물이 주류를 차지하게 되는 것이다.

이렇게 생각해 보면 비스듬한 잎이 달린 식물이 우세한 환경은, 단순히 빛이 강할 뿐 아니라 식물 간 경쟁이 덜 치열한 곳으로 한정된다. 이를 다양한 환경에서 정량적으로 조사하기란 매우 어려울 것 같지만, 이러한 관점에서 여러 장소에서 자라는 식물 잎의 방향을 관찰해 보면 새로운 발견이 생길지도 모른다.

생물 간 경쟁을 생각할 때, 적어도 인간의 시점에서 보면 옆 생물이 자신인지 타인인지조차 구별이 안 된다면 시작 자체가 불가능하다. 사람이라면 아래를 내려다봐서 다리 세 개가 보이는데 그중 어느 다리가 내 다리인지 모를 리가 없다. 그렇다면 식물은 어떨까? 동물과 달리 감각이 어딘가 한 곳에서 통합적으로 처리되는 것은 아니라서 뿌리 두 개가 마주쳤을 때 상대가 자신과 같은 개체에서 나온 뿌리인지, 아니면 다른 개체에서 나온 뿌리인지 구별하기가 쉽지 않을 것이다. 이 문제를 실제 실험으로 확인한 사람이 있다.

미국 중부의 평원에서 자라는 버팔로그래스*Buchloe dactyloides*를 화분에 심고, 뿌리가 자라는 모습을 관찰한 결과(그림 9-5), 다른 개체의 뿌리와 마주치게 한 상황에서는 상관하지 않고 뿌리를 뻗어나갔지만, 자기 뿌리와 마주치게 하면 뻗기를 주저했다. 이는 스스로와 경쟁해 봤자 아무런 이익이 없기 때문에 납득이 가는 반응이다. 각 개체가 자신만의 특징적인 물질을 분비해 '자신'임을 알리는 걸 수도 있다.

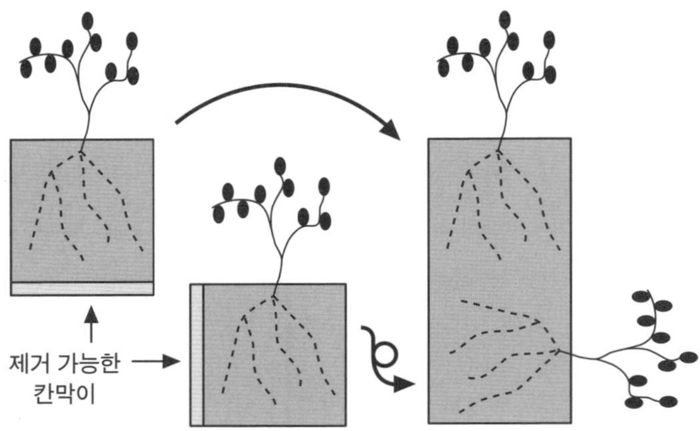

그림 9-5 버팔로그래스의 뿌리 실험

그래서 이번에는 한 개체를 둘로 나눈 후 나뉜 개체의 각 뿌리가 어떻게 뻗어나가는지 관찰했다.[93] 그러자 이번에는 상대와 경쟁하며 뿌리를 계속 뻗었다. 원래 같은 개체고 유전적으로도 동일하므로 개체마다 고유한 물질이 있다면 분열되어도 자신임을 인식할 수 있을 것 같다. 그러나 그렇지 않았다는 것은 한 개체로 연결되어 있을 때만 하나가 되어 반응하는 특별한 메커니즘이 있다는 의미다.

그렇다면 뿌리가 아닌 지상부에서는 어떨까? 무언가 물질을 분비해도 바로 바람에 날아가 버려서 자신과 남을 구별하기가 어

---

[93] 동물을 상대로는 이런 식의 실험이 어렵지만 식물은 그냥 포기를 나누면 된다. 복제양 돌리는 사회적으로 크게 화제가 됐지만, 포기나누기를 해서 클론 식물을 만들어 봤자 아무도 칭찬해 주지 않는다.

려울 듯하다. 사실 가지를 뻗
는 방식 등과 관련해 자신과
남을 인식해 뻗는 방식을 바꾼
다는 실험 결과는 아직 없다.

그러나 덩굴을 감을 때는
물리적으로 접촉하기 때문에
어쩌면 자신과 남을 인식하고
있을 수도 있다. 거지덩굴(그
림 9-6)이라는 덩굴 식물로 실
험한 사례 보고가 있다. 이 실
험에 의하면 스스로를 감거나
하지는 않았지만 개체를 둘로

그림 9-6 동백나무를 휘감은 거지덩굴

나눠 키우면 다른 개체와 마찬
가지로 휘감았다고 한다.

그렇다면 버팔로그래스 뿌리 실험과 마찬가지로, 유전적으
로 동일해도 일단 분리되면 그로 인해 무언가가 달라지고 그것을
감지해 자신과 남으로 구별하게 된다는 말이 된다. 여기에는 유
전적으로 결정되는 동물의 면역 등의 시스템과는 전혀 다른 메커
니즘이 있을 테지만, 구체적인 메커니즘은 여전히 풀리지 않은
수수께끼로 남아 있다.

3. 나무 생김새를 결정하는 요인

다음으로 나무의 생김새에 대해 생각해 보자. 세상에는 옆에서 바라보면 크리스마스트리처럼 이등변삼각형 모양으로 가지를 뻗은 나무가 있는가 하면, 금세라도 떨어질 듯한 물방울처럼 꼭 대기는 뾰족하고 아래는 둥그런 나무도 있다. 또 전체가 세로로 긴 타원형인 나무, 역삼각형처럼 생겨서 위쪽 한 변에 잎을 매단 나무 등 다양한 생김새의 나무가 있다. 도시에서 보이는 나무는 가지치기한 나무가 많아서 반드시 그것이 자연 그대로의 모습이라고 하기는 어렵지만, 유능한 정원사는 나무 본래의 성질에 맞춰 가지치기 방법을 바꾸기 때문에 나무의 성질을 도시에서도 어느 정도는 짐작할 수 있다.[94]

나무의 다양한 생김새는 어디에서 비롯된 것일까? 당연히 빛 등의 환경이 바뀌면 나무 생김새도 달라진다. 예를 들어 아주 간혹 공사 현장 등에서 줄기 한쪽에만 가지가 뻗은 나무를 발견할 때가 있다. 가지가 잘려 나갔나 싶어 줄기를 봐도 잘라낸 흔적이 없다. 이처럼 원래부터 특정 방향으로 가지가 뻗어 있지 않은 경우는 어떠한 이유로 인해 그쪽에 빛이 닿지 않았을 가능성이 있다.

가장 흔한 경우는 인접하여 자라던 나무 두 그루 중 한 그루

[94] 유능한 교육자도 학생의 성질에 맞춰 교육 방법을 바꿔야 하는데 이것이 좀처럼 쉽지 않다.

를 잘라낸 경우다. 인접해 자라는 나무는 서로의 방향으로 가지를 뻗어봤자 곧 겹쳐서 빛을 못 받을 게 뻔하니, 아예 가지가 아주 어릴 때 시들어 두 나무 사이에 가지가 자라지 않게 된다. 한쪽 나무 생김새만 보고도 지금은 존재하지 않는 다른 나무가 있었음을 셜록 홈즈처럼 간파할 수 있다.

그럼 반대로 인접한 두 나무 사이에 나뭇가지가 서로 엇갈려 뻗어 있다면 거기서는 무엇을 알 수 있을까?

식물학계의 셜록 홈즈라면 아마 두 가지 가능성을 제시할 것이다. 하나는 그 나무들이 원래는 다른 곳에서 자라다가 사람의 손에 의해 같은 곳에 옮겨 심겼을 가능성이다. 이는 앞서 말한 한쪽 나무가 잘린 경우와 반대 경우라 할 수 있다.

또 하나는 두 나무가 서로 다른 종류의 나무이고, 빛에 반응하는 방식이 전혀 다를 경우다. 같은 공간에 뻗은 두 가지가 공존할 수 없는 이유는 빛이라는 동일 자원을 서로 차지하려고 다투기 때문이다. 그러나 강한 빛이 필요한 나무(양수)와 약한 빛에서도 잘 자라는 나무(음수)는 같은 빛에 대해서도 보이는 반응이 다르다. 음수가 먼저 가지를 뻗고 있는 어두운 공간에 양수가 새로운 가지를 뻗기는 어렵다. 그러나 음수라면 양수가 먼저 가지를 뻗은 공간에도 그 어두움을 견디고 가지를 뻗을 수 있다. 분명 사람이 옮겨 심은 것 같지 않은 장소에 가지가 얽혀 있다면 이러한 음수와 양수의 조합일 가능성이 크다.

종류가 같은 나무들 사이의 빛 쟁취 경쟁은 가지 끝 모양에서도 확인할 수 있다. 동일 수종의 거대한 나무들이 띄엄띄엄 심긴 곳에서 하늘을 덮을 듯 무성하게 뻗은 가지들을 바라보면, 각 나무에서 뻗은 가지가 아슬아슬 서로 겹치지 않게 근접해 있는 모습을 볼 수 있다. 마음씨 착한 사람은 이 모습을 보고 '역시 식물은 서로 싸우지 않고 자기 몫을 지키며 더불어 사는구나. 참 멋지다'라고 감동하지만, 실제로 그 이면에는 치열한 경쟁이 숨어 있다.

식물은 사람처럼 어딘가에 있는 두뇌로 전략을 짜고 가지를 뻗지 않는다. 또 어떤 공간에 빛이 충분한지는 그 공간에 가지를 뻗기 전까지는 모른다. 그렇지만 밝은 쪽으로만 가지를 뻗고 어두운 쪽으로는 가지를 뻗지 않는 것처럼 보이는 이유는 보이지 않게 수많은 시행착오를 겪기 때문이다. 일단 뻗을 수 있는 곳에 가지를 뻗어보고 거기에 빛이 충분하면 마음껏 광합성을 하면서 더 적극적으로 가지를 뻗는다. 한편 가지를 뻗었는데 만약 어두운 곳이면 광합성을 할 수 없어 더 이상 가지를 뻗기 힘들 뿐 아니라 때에 따라서는 시들기도 한다.

당연히 두 나무가 같은 공간에 가지를 뻗으면 어느 쪽이든 이긴 쪽이 살아남고 진 쪽의 가지는 말라서 떨어지고 만다.[95] 이

95 식물 세계에서조차 냉혹한 경쟁이 펼쳐지고 있다면 인간 사회에서 분쟁이 끊이지 않는 것도 무리가 아니다. 그렇게 생각하면 만물의 영장이라고 우쭐대는 태도는 마땅히 버려야 하겠다.

러한 시행착오의 최후 결과만 보니 마치 식물이 밝은 곳으로, 경쟁이 덜한 곳으로 의도적으로 가지를 뻗는 것처럼 보일 뿐이다.

칼럼 : 나무 생김새 시뮬레이션

'나무 생김새가 환경에 따라 결정된다면 이를 컴퓨터 시뮬레이션으로 나타낼 수 있지 않을까' 하고 생각한 사람이 코넬대학에 있었다. 그는 가지가 두 갈래씩 갈라져 가늘어지는 나무를 가정하고, 그 갈라지는 각도와 가지가 나오는 방향, 그리고 갈라지는 빈도를 바꿔서 어느 때 가장 유리한지 계산했다. 당연히 '무엇이 유리한가'라는 문제 설정이 필요하므로, 실제로 빛을 얼마나 확보할 수 있을지, 물리적으로 얼마나 안정적인지, 자손을 얼마나 늘릴 수 있을지, 그리고 표면적을 얼마나 줄일 수 있을지, 이렇게 네 가지 항목으로 평가했다.

그러자 예상대로 빛 확보 극대화를 우선하면 가지가 윗부분에 수평으로 뻗어 나가는 나무 모양이 나타났다(그림 9-7). 물리적 안정성 극대화를 우선하면 아래로 내려갈수록 줄기와 가지가 많아지는 형태가 주로 나타났다. 번식 효율을 높이고자 했더니 씨앗 등을 높은 곳에서 방출하기 유리하도록 곧게 뻗어 위쪽에서 촘촘히 가지가 갈라지는, 빗자루를 반대로 세운 듯한 모양이 됐다. 또 표면적 최소화를 노리자 작고 빈약한 모양이 나타났다.

이뿐이라면 '아 그렇구나' 하고 끝일 수도 있지만, 재미있는

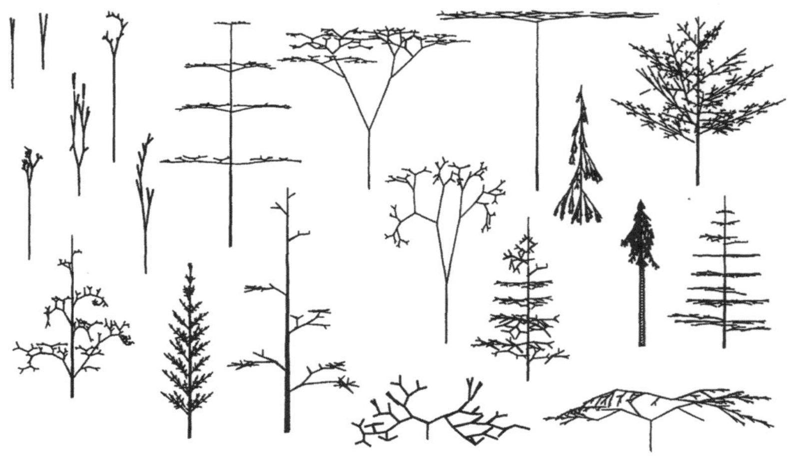

그림 9-7 나무 생김새의 다양한 시뮬레이션 결과(Karl J. Niklas, 1997, American Journal of Botany, 84:16-25의 그림 6 을 옮겨 실음)

건 다음이다. 각 항목을 따로따로 평가하지 않고 동시에 평가했더니 나무의 형태가 훨씬 다양해졌다. 가지가 두 갈래로 갈라지는 단순한 시뮬레이션임에도 불구하고 네 가지 항목을 동시에 최적화하려고 하자 어딘가 익숙한 다양한 형태의 나무 모양이 생겨났다. 표면적을 최소화한다는 평가 기준을 빼고 세 가지 항목이 동시에 최적화되도록 했을 때도 거의 비슷한 다양성이 나온 것으로 보아 표면적 최소화라는 요구는 나무 생김새를 규정하는 데 큰 영향을 미치지 않는 듯하다.

　　이 결과를 통해 두 가지를 알 수 있다. 하나는 실제 나무 생김새는 빛 확보, 물리적 안정성, 번식 효율이라는 세 가지 요인으로 거의 설명된다는 점이다. 또 하나는 여러 가지 요구 사항을 동시에 충족시키는 과정에서 다양성이 생긴다는 점이다. 한 가지 요구 사항에만 특화해 있으면 다양성은 눈에 띌 만큼 증가하지 않는다. 이 점에 대해서는 10장에서 좀 더 자세히 살펴보도록 하자.

10장 생물과 환경의 관계

1. 전문가형과 만능형

이번 장에서는 마지막 정리하는 의미로 식물 생김새의 다양성을 만들어내는, 생물과 환경의 관계에 대해 생각해 보기로 하자.

간단히 환경이라고 하지만, 지금까지 살펴본 바에 의하면 식물의 광합성 기능에 직접 관여하는 요인만 해도 빛, 이산화탄소, 물, 바람 등 여러 가지가 있다. 그리고 식물에게 광합성이 아무리 중요하다고 해도 그 식물이 처한 환경 속에서 계속 번성할지는 광합성만으로는 결정되지 않는다. 생명의 진화를 생각하면 최종적으로 식물은, 후손을 얼마나 남기느냐라는 한 가지로 평가받게 된다. 광합성을 하지 못하면 일반 식물은 후손을 남길 수 없지만, 반대로 아무리 광합성을 한들 후손을 남기지 못하면 1세대에서 끝나고 만다. 자라던 환경에서 해당 종의 식물은 사라지고 말 것이다.

수많은 환경 요인에 식물이 어떻게 반응하고 후손을 남기느냐, 이 한 가지로 평가된다는 사실은 마치 학교에 많은 시험 과목이 있지만, 결국은 종합점수로 진학이나 유급이 결정되는 것과 같다. 그런데 여기서 초등학교 시절을 떠올려 봤으면 좋겠다. 학급에는 대개 ○○박사라는 아이가 있어서 곤충이든 전차든, 어떤 특정 분야에 관해서는 그 아이에게 물으면 뭐든 척척 대답하는 아이가 있지 않았는가? 그런 아이는 특정 좁은 범위에 관해서는 이른바 스페셜리스트지만 그 범위를 벗어나면 그다지 지식이 풍부하지는 않다. 전형적인 전문가형이다. 반면 특별히 무언가에 깊은 통찰력이 있어 보이지는 않지만 무엇이든 나름대로 잘 해내는 만능형 아이도 당연히 있다.[96]

생물이 환경에 대해 보이는 반응도 마찬가지여서 전문가형과 만능형이 있다. 1장에서 논의한 선인장 등은 그야말로 전문가형의 대표 주자라 할 만하다. 사막과 같이 극도로 건조한 환경에서는 전문가로서의 기량이 유감없이 발휘되지만, 일본처럼 정기적으로 비가 내리는 환경에서는 반대로 일반 식물에 압도되어 살아가지 못한다. 일부 고산식물 등도 전문가에 매우 가깝다. '뭐가 좋아서 고산의 혹독한 환경에서 사는 거지?'라고 생각할지도 모르지만, 아래쪽에서 어중이떠중이들과 소모적인 경쟁을 벌이느니 고산의 혹독한 환경에 특화한 전문가로 고고하게 살아가는 게 편할지도 모른다.[97]

한편 일반적으로 '잡초'라 불리는 식물은 굳이 분류하자면 만능형에 속한다. 어느 정도 환경이 달라도 그럭저럭 살아갈 수 있어서 여기저기서 눈에 띈다. 단, 여기서 말하는 '만능'은 '모든 조건에서 최고'라는 의미가 아님에 주의할 필요가 있다. 실제로는 '넓은 범위의 조건에서 중간은 한다'라는 의미다. 애초에 모든 조건에서 최고라면 그 식물이 전 세계를 뒤덮고 있을 테니 말이

96　아마 충분히 예상하지 않을까 싶은데 필자는 바로 전문가형 아이였다.

97　무엇을 '혹독하다'고 느끼는지도 식물에 따라 다르다. 고산식물은 왜 많은 식물이 이토록 더운 아래쪽에서 아등바등 사는지 이상하게 생각할지도 모른다.

다. 그러나 만능형 식물은 특정 환경에서는 그 환경에 특화한 전문가형 식물에 밀리고 만다. 이것이 식물의 다양성을 만드는 한 가지 요인이다.

예를 들어 민들레와 고산식물인 일본망아지풀을 다양한 환경 조건에서 재배하면, 일본망아지풀은 특정한 환경 조건이 아닌 이상 살지 못하지만, 민들레는 비교적 넓은 범위의 환경 조건에서 살아갈 수 있을 것이다. 그러나 고산 지역에 일본망아지풀과 민들레를 나란히 심으면 무조건 일본망아지풀이 살아남는다. 전문 영역에서는 누구보다 뛰어나기 때문에 전문가인 것이다.

그러다 보면 경우에 따라 재미있는 현상을 볼 수 있다. 소나무는 굳이 나누자면 만능형으로 여러 환경에 침투할 수 있다. 그러나 실제로 소나무가 자라는 곳을 보면 땅이 거칠어서 다른 식물이 보기에는 별로 살고 싶지 않은 곳이 대부분이다. 그렇다고 소나무가 척박한 토양에 특화한 전문가라는 말은 아니다. 사실 소나무 하나만 심으면 거친 땅보다 비옥한 땅에서 더 잘 자란다. 그러나 비옥한 땅에 심으면 그곳에 특화한 전문가형과의 경쟁에서 밀리기 때문에 척박한 땅에서도 비옥한 땅에서도 잘 자라는 만능형 소나무를 실제로는 척박한 땅에서 자주 보게 되는 것이다.[98]

---

[98] 이상하게 '재주 많은 사람이 크게 성공치 못한다'라는 말이 떠오른다.

2. 환경 요인과 생물 다양성

그렇다면 다양한 요인의 조합으로 결정되는 환경에서, 각 요인에 서로 다른 반응을 보이는 식물 중 어떤 식물이 살아남을지는 어떻게 결정될까?

우선 간단한 예를 들어 생각해 보자. 사막에 사는 식물에게는 건조함을 얼마나 견딜 수 있냐는 내건성耐乾性이 가장 중요하다. 물론 내건성이 같다면 '강한 빛을 유용하게 이용할 수 있다' '고온에 강하다' '밤낮 온도차가 커도 견딜 수 있다' 같은 다른 요인에 의해 우열이 결정될 것이다. 그러나 사막에서는 내건성에 조금이라도 차이가 있으면 그걸로 살아남을 수 있을지 없을지가 거의 결정되기 때문에 아마도 식물의 특성을 평가하는 요인은 내건성으로 좁혀질 것이다. 이렇게 되면 학교 성적을 수학 시험으로만 결정하는 꼴이라서 아마 특정 전문가형 식물이 다른 식물을 크게 따돌리고 유리해질 수밖에 없다. 사막의 식물 구성이 단조롭고 소수의 식물로만 이루어진 이유는 바로 여기에 있다.

반면 덜 극단적인 환경에서는 어떨까? 이 경우에는 빛, 온도, 물 등 다양한 요인이 복합적으로 작용하는 만큼 한 가지 특별한 요인으로 생존이 결정되지 않는다. 즉 앞서 말한 학교 예를 들면, 모든 교과 시험을 종합한 점수로 평가하는 경우다. 다만 시험 종합점수라고 해도 전 과목 평균을 낼지, 주요 교과에 가중치를 줄지, 아니면 평소 점수를 고려할지 등 간단하지 않다. 마찬가지로

그림 10-1 여러 기준으로 평가하면 다양성이 생긴다

어떤 환경 요인이 중시될는지 단정할 수 없고, 더구나 그 요인은 계절에 따라 바뀔 수도 있어서 단순히 한 시점에 한 번만 평가해서도 안 된다. 시간과 함께 어느 식물이 가장 유리할지는 바뀔 수밖에 없다. 말하자면 여러 과목의 불시 시험이 거의 매일 있는 학교나 다름없다.[99]

게다가 선인장처럼 내건성이라는 한 가지 환경 요인에 딱 맞도록 신체를 변형시켰다면 오히려 그것이 빛 흡수 효율 같은 다른 환경 요인에는 마이너스로 작용할 수도 있다. 다시 말해, 다른 환경 요인에도 대응하려면, 선인장처럼 내건성만 특별히 기르기는 어렵다는 말이다. 결과적으로 대부분의 식물은 만능형이 될 수밖에 없다. 그러면 내건성 같은 특정 요인에는 완벽하게 대응

99 학생들에게는 힘들겠지만, 나이 들어 생각하니 현실의 인간 사회도 비슷한 것 같다는 생각이 든다.

216

할 수 없게 되므로 사막의 선인장처럼 주변 식물과의 경쟁에서 압도적으로 유리한 식물은 존재하지 않게 된다. 온화한 환경이 다양한 생명체로 가득한 이유는 바로 이 때문일 것이다.

한 가지 혹은 극소수 요인으로 평가되는 경우에는 그 요인에 특화한 소수의 생물이 다른 생물에 비해 매우 유리하지만, 여러 다양한 요인으로 평가되는 경우에는 하나의 정답이 아닌 다양한 '해답'이 존재해 다양성이 창출되는 것이다(그림 10-1).[100]

3. 생물 다양성의 원천

생물의 다양성의 원천에 대해 정리해 보자. 다양성의 원천 중 하나는 다양한 환경 요인의 상호작용이다. 한 가지 환경 요인에 특화되면 다른 환경 요인에는 제대로 적응하지 못하는 현상이 다양성을 만든다. 또 그 환경 요인이 일정하지 않고 시간과 함께 바뀌는 것도 다양성으로 이어진다. 5장에서 소개한 얼레지는 초봄이

---

[100] 최근 입학시험에서도 다면평가를 '강점'으로 내세우는 사례가 여기저기서 보인다. 이러한 다면평가는 분명 입학하는 학생의 다양화로 이어진다. 그러나 이 다양성은 여기서 보았듯 평가 기준이 다양해지면서 종합 평가에 차이가 나지 않게 된 결과다. 평가에는 오차가 있기 마련임을 생각하면, 평가 기준의 다양화를 고집하다 보면 결국 제비뽑기로 결정하는 것과 다를 바 없게 된다. 제비뽑기로 합격과 불합격을 결정하면 학생은 당연히 다양해질 수밖에 없다. 입시제도 등을 고민할 때 이 부분을 심각하게 고려해야 한다.

라는 계절의 전문가다. 특정 환경이 조성되는 시기가 다 다르기 때문에 여러 종류의 식물이 한 곳에서 자랄 수 있다. 그리고 또 하나 상황을 복잡하게 만드는 요소가 식물 자신이 환경에 미치는 영향이다. 예를 들어 사방이 평평한 땅으로 둘러싸인 환경을 상상해 보자. 그곳에는 그늘 하나 없기 때문에 직사광선 아래서는 빛이 너무 강해 말라 죽는 식물은 들어올 수 없다. 그러나 거기에 직사광선을 좋아하는 커다란 식물이 먼저 들어가면, 이번에는 그 식물 덕분에 그곳에도 그늘이 생긴다. 그러면 약한 빛을 좋아하는 식물도 들어가 살 수 있게 된다. 이는 매우 단순화한 설정이지만, 일반적으로 식물이 성장함에 따라 환경 자체도 역동적으로 변한다. 그리고 이것이 환경에 다양성을 가져오고 궁극적으로는 생물 다양성의 증가로 이어진다.

또 병이나 해충의 존재도 식물의 다양성에 영향을 미친다. 예를 들어 논에서는 벼의 질병과 해충이 큰 문제다. 문제의 원인 중 하나는 벼를 좋아하는 해충과 병원균에게 논은 거대한 식량 저장소나 다름없다는 점이다. 해충이 벼 하나를 다 먹고 주위를 둘러보면 벼가 얼마든지 있어 바로 옆으로 이동해 새로운 벼에 자리를 잡으면 된다. 해충에게는 그야말로 천국이다.

이러한 피해를 막기 위해 식물은 몸에서 해충에게 독이 되는 성분을 만들기도 한다. 그러나 일부 해충은 이 독을 해독하도록 진화하기도 하므로 결국은 조금도 나아지지 않은 상황으로 돌아가는 일이 계속된다. 벼에는 일반적인 의미의 독은 없지만 잎 자체에 든 규산 때문에 딱딱해서 외부 적에게 쉽게 먹히지 않는다. 하지만 진화 과정에서 이번에는 규산이 든 잎도 먹을 수 있는 곤충이 출현하게 된다. 벼만 심으면 이러한 곤충을 피할 수 없다. 인간은 살충 작업을 하느라 골머리를 앓게 될 것이다.[101]

그러나 만약 다양한 식물이 지면에 가득한데 이번에는 같은 종의 식물이 거리를 두고 띄엄띄엄 자라고 있다면 어떨까? 각 식물에게는 각자의 방어 수단이 있다. 그 방어를 뚫을 수 있도록 진화한 해충도 있을 테지만 그것은 특정 방어 수단을 가진 식물에 대응하기 위한 진화다. 즉 그 해충이 먹을 수 있는 식물은 특정 종류의 식물에 제한된 셈이다. 그러면 방어 수단을 뚫고 어떤 식물을 먹었다 해도 그 식물을 다 먹고 주위를 둘러보니 전혀 다른 방어 수단을 가진 식물뿐일 것이다. 그 해충이 먹을 수 있는 식물은 가까이선 찾을 수 없다. 다양성이 있는 생태계는 논처럼 단순하지 않다. 즉 단조로운 생태계 속에 사는 식물일수록 해충 등에 취약하기 때문에, 해충이나 질병의 존재는 생태계를 다양화하는 방향으로 작용한다.

생물의 다양성은 다채로운 환경 요인뿐 아니라 시간의 변화,

---

101 재배와 수확의 수고를 생각하면 벼를 한곳에 모아 심어야 '효율적'이다. 그러나 어떤 경우든 효율을 생각할 때는 여러 평가 기준을 고려할 수 있다. 그리고 특정 평가 기준으로 평가했을 때 효율적인 수단이 다른 평가 기준으로 평가하면 오히려 비효율적인 사례는 여기서 보았듯 얼마든지 있다. 효율화를 내건 주장에 귀를 기울일 때는 다양한 평가 기준으로 검토해야지 그렇지 않으면 후회할 수도 있다.

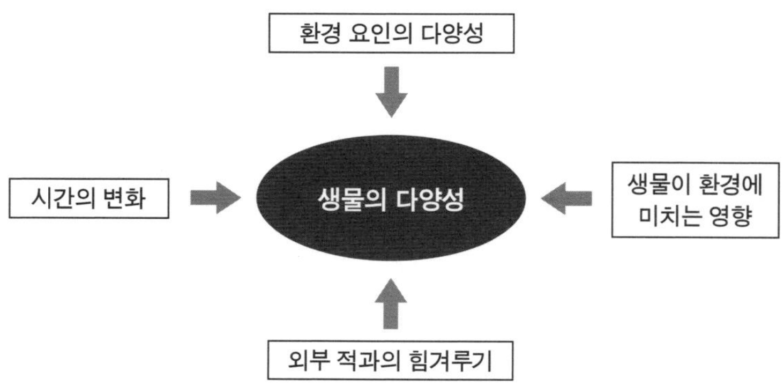

그림 10-2 다양성을 만드는 요인

생물이 환경에 미치는 영향, 그리고 외부 적과의 힘겨루기 등에 의해 만들어진다(그림 10-2). 이를 단순화해서 이해하기란 간단하지 않다. 그러나 생명이 주위 환경과 밀접하게 연관되며 진화한 결과 현재의 다양성이 생긴 것만은 분명하다. 그리고 이 다양성이야말로 지구 생태계를 안정적으로 보호하고 유지하는 데 큰 역할을 하고 있다.

특정 지역의 환경이 얼마나 다양한지는 실감하기 어려울 수도 있지만, 그곳에서 자라는 식물 구성과 생김새의 다양성을 관찰하면 환경의 다양성을 가늠해 볼 수 있다. 도심 속 공원도 상관없다. 하지만 공원에 예쁘게 심어진 식물에만 시선을 빼앗기지는 말자. 오히려 사람이 씨를 뿌리지 않았는데도 얼굴을 내민 식물이 있다면, 그 식물에야말로 환경 다양성의 비밀이 숨겨져 있다.

마치며

필자는 초등학교부터 중학교 시절 내내 원예 소년이자 화학 소년이었다. 온갖 숙근초와 작은키나무를 사다가 정원에 심고 즐기는 한편, 대학 화학 참고서를 즐겨 읽으며 이상한 화학물질을 만드는 실험을 하기도 했다.

다녔던 고등학교의 생물 선생님은 수업 시간에 교과서를 전혀 사용하지 않고 선생님이 재미있다고 여기는 부분만 가르쳤다. 1년 내내 유전 이야기만 하는 식이었다. 진학을 많이 시키는 학교가 아니라 가능했던 것 같다. 선생님이 해주시는 생물 이야기는 정말 재미있었지만, 입시 준비를 하려고 교과서를 펼치면 생물은 완벽한 암기 과목 그 자체였다. 대학 입시 과목에서는 망설임 없이 물리와 화학을 선택했다.

그런데 대학에 들어가 생물 강의를 들어 보니 의외로 꽤 재미있었다. 생물에서도 과학적 사고의 논리 흐름이 그대로 통한다는 것을 알았다. 졸업논문 때부터 광합성 연구를 시작해 이후로 계속 연구 외길, 말하자면 생물을 평생의 일로 삼았다.

어느 날 고등학교 생물 교과서의 집필자가 되지 않겠느냐는 제안을 받았다. 이는 하늘이 준 기회라고 생각했다. 생물학의 재미를 전달하지 못하고 암기만 요구하는 교과서를 바꿀 수 있는 절호의 기회였다. 기쁜 마음으로 집필팀에 합류했지만, 교과서 검정, 고등학교 교육, 대학 입시라는 세 가지 시스템을 바꾸지 않는 한 개인이 할 수 있는 일은 제한적이라는 슬픈 현실에 부딪히는 나날이었다.

또 한참 지난 어느 날 이번에는 일반인을 위한 과학 교양서 집필을 의뢰받았다. 이런 책이라면 답답한 틀에 얽매이지 않고 글을 쓸 수 있을 것 같았다. 내 전문 분야인 광합성 연구가 얼마나 재미있는지 마음껏 전달하고 싶어 열심히 썼다. 결과적으로 상당한 호평을 받았고 지금 입학한 학생 중에는 "고등학교 때 선생님 책을 읽었어요"라고 말하는 학생도 있다. 그 후 또 한 권의 광합성 책을 쓰고, 다음에는 좀 더 광범위하게 식물의 재미를 전해보고 싶다고 생각하던 참에 베레출판의 나가세 도시아키永瀬敏章 씨로부터 책을 써보지 않겠느냐는 권유를 받았다. 잠시의 상의를 거쳐 식물 생김새의 의미를 생각해 보는 책을 써보기로 했다. 식물의 생김새는 모든 사람의 눈에 보이지만, 사실은 다양한 기능을 반영하고 있음을 알리고 싶었다.

그러나 필자는 광합성 전문가이긴 해도 생김새 전문가는 아니다. 그래서 도쿄대학에서 생리생태학적 관점에서 식물의 생김새를 연구하고 있는 다테노 마사키舘野正樹 교수, 그리고 같은 대학교에서 진화발생학적 관점에서 식물의 생김새를 연구 중인 쓰카야 히로카즈塚谷裕一 교수에게 집필한 원고의 검토를 부탁했다.

그리고 많은 의견을 주셨다.

　두 분 모두 예의 바른 분들이라 표현은 부드럽지만 "이 생각은 망상입니다" 혹은 반대로 "이 생각은 전문가에게는 당연한 겁니다"라는 지적을 많이 받았다. 생김새 전문가가 아닌 사람이 식물 생김새의 의미를, 말하자면 아마추어의 시선으로 생각해서 썼기 때문에 이러한 코멘트를 받은 것 같다. 그 의견에 따라 수정한 부분도 있지만, 일부 망상은 '망상일 수도 있다'라고 명시하고 그대로 남겨두기도 했다. 이는 '생각'이 '정답'보다 중요하다고 생각하기 때문이다. 이 책으로 입시 공부를 하는 사람은 없을 테니 뭐 괜찮지 않을까 하는 생각도 있었다.

　아무튼 이 책을 쓰면서 다테노 마사키 교수, 쓰카야 히로카즈 교수, 나가세 도시아키 씨에게 정말 많은 도움을 받았다. 또 모처럼 식물의 생김새를 소개하는 책이니 만큼 되도록 사진을 싣고 싶어서 많은 분에게 협조를 부탁했다. 도판을 부탁한 후지다테이쿠히로藤立育弘 씨는 필자의 무리한 주문에도 불구하고 몇 번이나 삽화를 다시 그려주셨다. 협조해 주신 모든 분께 감사의 말씀을 전한다.

　이 책이 식물에 대해 생각해 보는 계기가 되었으면 좋겠다.

2016년 3월
소노이케 긴타케

224

더 읽을거리

이 책을 읽고 식물에 흥미를 가진 분을 위해 식물의 생김새와 생활을 소개한 책, 식물과 환경의 관계를 연구한 생태학 책, 그리고 식물의 생활을 생각할 때 기초가 되는 광합성 관련 책을 소개해 둔다.

1. 식물 생김새와 생활을 소개한 책

· 일본식물생리학회 엮음, 《이걸로 납득! 식물의 수수께끼これで
ナットク 植物の謎》, 講談社, 2007년

· 일본식물생리학회 엮음, 《이걸로 납득! 식물의 수수께끼 Part2こ
れでナットク 植物の謎 Part2》, 講談社, 2013년

  ⇨ 일본식물생리학회의 홈페이지에는 질문 코너가 있다. 그곳에 올라온
  글 중 식물 관련 질문과 그에 대한 전문가 답변을 엄선해 정리한 책이
  다. 식물의 생활과 관련된 여러 가지 의문을 해소할 수 있다.

· 다테노 마사키舘野正樹 지음, 《일본의 수목日本の樹木》, ちくま新
書, 2014년

  ⇨ 생활 주변에서 볼 수 있는 일본의 수목에 대해 해설한 책으로 단순히
  수목의 형태적 특징뿐 아니라 그 배경에 있는 수목의 생활 양식까지

엿볼 수 있다.

- 다다 다에코多田多惠子 지음,《우리 곁 식물의 발견 씨앗의 지혜身近な植物に発見 種子たちの知恵》, 日本放送出版協会, 2008년

  ⇨ 대상은 씨앗에 한정돼 있지만, 식물의 생김새가 그 기능을 어떻게 반영하고 있는지 잘 알 수 있다. 사진도 풍부해 어디를 펴서 읽어도 재미있는 책이다.

- 다다 다에코 지음,《강인한 식물들-교묘한 비밀 대작전したたかな植物たち-あの手この手のマル秘大作戦》, SCC, 2002년

  ⇨ 앞에서 소개한 책과 동일한 저자가 더 폭넓게 식물의 생활을 이야기한다. 이 책에서도 생활 모습이 식물 생김새에 반영되어 있음을 알 수 있다.

- 다나카 노리오田中法生 지음,《이단의 식물 '수초'를 과학한다異端の植物「水草」を科学する》, ベレ出版, 2012년

  ⇨ 수초에 특화한 책이라는 점은 특이하지만, 연구의 재미가 온전히 전달되는 명저다. 수초라는, 어떤 의미에서는 특수화한 식물을 연구함으로써 반대로 식물의 보편성이 부각된다.

- '식물의 축과 정보' 특정영역연구반 엮음,《식물의 생존 전략植物の生存戦略》, 朝日新聞社, 2007년

  ⇨ 특정영역연구라는 연구비를 지원받은 그룹의 연구 성과 공개 일환으로 발행된 책이다. 현재는 품절된 상태지만 식물 형태 형성에 관한 당시 최첨단 연구 성과가 소개되어 있다.

2. 생태학 책

- 종생물학회 엮음,《빛과 물과 식물의 형태-식물생리생태학
  입문光と水と植物のかたち——植物生理生態学入門》, 文一総合出版,
  2003년

  ⇨ 식물 생김새에 대해 환경과의 관련을 중심으로 10명의 연구자가 해
  설한 교과서다. 측정 방법 등에도 중점을 두고 있어 연구를 막 시작한
  대학원생을 독자로 상정한 것 같지만, 문장은 평이해서 특별히 연구
  자가 아니어도 쉽게 읽을 수 있는 책이다.

- 데라시마 이치로寺島一郎 지음,《식물의 생태植物の生態》, 裳華房,
  2013년

  ⇨ 생물과 환경과의 관계를 연구하는 학문인 생태학 교과서다. 물리학
  적 관점에서의 해설에 충실하다는 점이 이 책의 특징이며, 생물도 물
  질로 이루어져 있고 환경과의 상호작용 역시 물리 법칙을 따른다는
  것을 잘 이해시키고 있다.

- 데라시마 이치로 외 지음,《식물생태학植物生態学》, 朝倉書店,
  2004년

  ⇨ 이 책도 식물 생태학 교과서다. 연구자용으로 가격도 만만치 않지만
  매우 다양한 측면에서 식물과 환경의 관계를 다루고 있어 읽으면 반
  드시 새로운 발견이 있을 것이다.

3. 광합성 책

- 소노이케 긴타케 지음,《정말 쉬운 광합성 책トコトンやさしい光合

成の本》, 日刊工業新聞社, 2012년

⇨ 그림과 본문을 1:1 비율로 구성하여 광합성을 다양한 관점에서 해설한 책이다. 광합성 생물의 진화부터 광합성의 원리, 농업과의 관계, 인공광합성, 그리고 우주에서의 광합성까지 폭넓은 내용을 다루고 있다.

· 소노이케 긴타케 지음, 《광합성이란 무엇인가光合成とはなにか》, 講談社ブルーバックス, 2008년

⇨ 광합성의 기본 원리를 쉽게 해설한 책이다. 고단샤가 간행하는 과학 시리즈인 블루백스에서 나온 책으로, '쉽게'라고 해도 보통 대학 교과서에서 배우는 내용을 거의 다루고 있어서 광합성 기본 지식을 습득하는 데도 좋다.

· 도쿄대학 광합성교육연구회 엮음, 《광합성의 과학光合成の科学》, 東京大学出版会, 2007년

⇨ 광합성을 연구 대상으로 제대로 공부하고 싶을 때 추천하는 책이다. 출판 당시 도쿄대학에 있던 8명의 광합성 연구자가 분담해서 광합성의 메커니즘과 최신 연구 내용을 해설한 책이다.

· 일본광합성학회 엮음, 《광합성光合成》, 朝倉書店, 2021년

⇨ 조금 전문적이긴 하나 마지막으로 최신 서적을 한 권 소개한다. 일본 광합성학회 회원을 중심으로 현재의 광합성 연구의 도달점을 집필한 교과서이다.

문고판 후기

이 책은 원래 2016년 4월 베레출판에서 출간됐다가 가도카와 소피아 문고 중 한 권으로 다시 출간하게 되었습니다. 독자 여러분의 사랑에 힘입어 판을 거듭한 결과입니다. 이 책을 쓸 때는 필자 나름대로 몇 가지 궁리를 했습니다. 예를 들면 문장에 '생각하기 마크'를 삽입해 독자가 최대한 스스로 생각할 시간을 갖도록 했습니다. 단순히 지식만 전달하는 책이라면 아마 필자보다 전문 지식이 훨씬 풍부한 사람이 써야 더욱 좋은 책이 완성되겠지요. 그러나 이 책에서 하고 싶었던 건, 식물 형태 전문가가 아닌 필자가 독자와 함께 생각하며 식물 생김새의 수수께끼를 풀어가는 것이었습니다. 지식은 배우고 사용하지 않으면 시간과 함께 기억 속에서 사라지고 맙니다. 그러나 생각하는 일은 자전거를 타는 것과 같아서 한번 익히면 쉽게 잊어버리지 않습니다. 독자들의 소감을 읽어보면 이 마크에서 실제로 생각하면서 읽어나간 분도 계시는 듯해서 어느 정도는 효과가 있지 않았나 생각합니다. 이 밖에도 필자의 생각이 조금이라도 전달되도록 본론과는 상관없는 필자의 생각을 주석 형태로 많이 넣어보려고 노력했습니다. "이 책에서 가장 재미있는 건 주석이다"라고 무례한 평가를 남긴

친구도 있을 정도였으니, 이것도 어느 정도 역할을 하지 않았나 싶습니다.

의외였던 점은 이 책의 문장이 중학교, 고등학교, 대학의 입시 문제 여기저기에 사용된 것입니다. 모두 생물 문제가 아니라 국어 또는 논술의 문제로 출제되었습니다. 입시 문제에 출제될 만큼 글이 뛰어났나 싶어 처음에는 뿌듯했는데, 아무래도 다른 이유가 있었던 것 같더군요. 이 책이 출간되고 얼마 지나지 않아 학습 지도 요령이 개정되어 실용문을 중시하게 되었고 고등학교에서도 '논리 국어'라는 과목이 신설되었습니다. 중학교 입시의 경우 수험생이 초등학교 6학년이기 때문에 초등학생도 흥미를 가지고 이해할 수 있는 논리적인 문장이라고 인정받은 것 같습니다. 그렇다면 이 또한 반가운 반향이라 할 수 있겠지요. '마치며'에서는 "이 책으로 입시 공부를 하는 사람은 없을 듯하다"라고 썼지만 실제로는 이 책을 읽으면 입시에도 도움이 되리라 생각합니다. 어떤 이유에서든 이 책을 손에 들고 식물 생김새의 수수께끼에 도전해 보셨으면 좋겠습니다.

2022년 12월
소노이케 긴타케

식물의 생김새에는 의미가 있다

모양과 색 너머, 도전하는 생명의 발견

초판 1쇄 인쇄일   2026년 3월 3일
초판 1쇄 발행일   2026년 3월 11일

지은이   소노이케 긴타케
옮긴이   조사연

펴낸이   김효형
펴낸곳   (주)눌와
등록번호   1999.7.26. 제10-1795호
주소   서울시 마포구 월드컵북로16길 51, 2층
전화   02-3143-4633
팩스   02-6021-4731
페이스북   facebook.com/nulwabook
인스타그램   instagram.com/nulwa1999
블로그   blog.naver.com/nulwa
전자우편   nulwa@naver.com
편집   김선미, 김지수, 임준호
디자인   구성모

책임편집   임준호
표지 디자인   구성모
본문 디자인   엄희란

제작진행   공간
인쇄   더블비
제본   대흥제책